U0341750

河北城市文化与住宅景观风格研究

赵丹琳　闫晓从　张　芳　著

北　京
冶　金　工　业　出　版　社
2016

内容提要

本书主要探寻了现有城市住宅景观风格所存在的问题，研究了适合城市可持续发展建设的城市文化与城市住宅景观风格之间的相互作用关系，以及如何利用好两者的作用关系，做好对城市历史的保护继承，做好城市新区建设与现有城区的文化衔接，促进城市走向文化型城市，在住宅景观建设中传达城市信息，体现城市魅力，彰显城市特色。

本书可供城市文化与住宅景观风格研究领域的爱好者阅读。

图书在版编目（CIP）数据

河北城市文化与住宅景观风格研究／赵丹琳，闫晓从，张芳著．—北京：冶金工业出版社，2016.8

ISBN 978-7-5024-7337-2

Ⅰ.①河… Ⅱ.①赵… ②闫… ③张… Ⅲ.①住宅—景观设计—研究—河北 Ⅳ.①TU241

中国版本图书馆 CIP 数据核字（2016）第 206561 号

出 版 人　谭学余
地　　址　北京市东城区嵩祝院北巷 39 号　邮编　100009　电话　（010）64027926
网　　址　www.cnmip.com.cn　电子信箱　yjcbs@cnmip.com.cn
责任编辑　杨秋奎　美术编辑　杨　帆　版式设计　杨　帆
责任校对　李　娜　责任印制　牛晓波
ISBN 978-7-5024-7337-2
冶金工业出版社出版发行；各地新华书店经销；固安华明印业有限公司印刷
2016 年 8 月第 1 版，2016 年 8 月第 1 次印刷
169mm×239mm；7.5 印张；145 千字；110 页
35.00 元

冶金工业出版社　投稿电话　（010）64027932　投稿信箱　tougao@cnmip.com.cn
冶金工业出版社营销中心　电话　（010）64044283　传真　（010）64027893
冶金书店　地址　北京市东四西大街 46 号（100010）　电话　（010）65289081（兼传真）
冶金工业出版社天猫旗舰店　yjgycbs.tmall.com

前　言

城市化是我国现代化建设的必经之路。城市化并不是彻底推翻过去的一切，重新规划、建设新的城镇，更不是简单的房地产化。“城市，让生活更美好”是上海世博会的主题。我国城市化的目的是繁荣经济，让人们享有美好生活，因此必须以人为本，坚持可持续发展。在城市及景观建设中，住宅及住宅景观不仅扮演着不可或缺的角色，而且它还与市民日常生活息息相关。根据河北省大型民生调研活动的精神，针对河北省各大主要城市的住宅景观风格进行调研，基于城市文化、景观设计等相关理论、方法，从城市住宅景观的基本构成、风格演化、景观体现和特性等基本要素出发，结合城市文化与住宅景观风格的作用模式以及城市文化的体现，重点研究了城市文化视野下的住宅景观及风格，提出了运用城市文化引导住宅景观规划与设计。

本书以体现河北城市文化为目的，以河北城市住宅景观风格为研究主线，从全球化、城市化入手，综合城市文化、风景园林、城市设计、景观设计等学科的知识，系统概括总结了与本研究相关的概念以及河北城市住宅景观风格的变迁和趋势；通过调研河北城市住宅景观风格的现状，分析其存在的优势和问题，站在城市文化的角度提出了独具河北特色的住宅景观风格，从而使两者互相促进，和谐发展；运用兼容并蓄的方法融合现代设计与传统设计，给出了体现城市文化视野下独具河北特色的住宅景观风格的建议。

本书的研究目标在于探寻现有城市住宅景观风格存在的问题；研究适合城市可持续发展建设的城市文化与城市住宅景观风格之间的相互作用关系；以及如何利用好两者的作用关系，做好对城市历史的保护继承，做好城市新区建设与现有城区的文化衔接，促进城市走向文化型城市，在住宅景观建设中传达城市信息，体现城市魅力，彰显城市特色；通过具有特色的表达方法，权衡中西、权衡传统与现代，形成了具有河北城市文化特色的住宅景观风格。

由于作者水平所限，书中疏漏和不足之处，恳请广大读者批评指正。

著　者

2016年6月

目　录

1 绪　论

城市中会有更多学习和工作的机会、更便利的生活条件，因此越来越多的人开始留居于城市，也意味着未来的城市将要承载更多普通市民对美好生活、美好居住环境的诉求。城市化所形成的人口聚集给城市带来朝气蓬勃的新鲜血液，同时也给城市住宅建设带来挑战和压力。城市住宅建设在逐步扩大，新建住宅小区模式越来越多，住宅开发者想尽办法满足人们日益增长的多层次的生活需求。人们对住宅的需求逐渐由量向质转变，不仅追求“居者有其屋”，更追求个性、风格，追求舒适、生态的居住环境。在市场经济条件下，城市住宅景观的建设者必然要承担起这项重任——满足居者更高的居住追求。为了满足人们的需求，在河北各个城市，如同在我国其他的城市一样，各式各样的住宅景观建设如雨后春笋，百般演绎的异国风格占据了主要的住宅市场，法式、美式、东南亚式等等。建设者抓住“风格”来突出区别于其他住宅，既迎合了某种程度的“崇洋媚外”心理，同时也为消费者提供了更多优质的选择。但建设者的这种建设理念，在一定程度上造成了城市景观视野的无序，让城市形象逐渐隐退或者趋同，“千城一面”成为目前城市建设的一种“奇观”，使得本应凸显城市个性的城市文化也暂时搁浅。试问，在大杂烩的住宅形式中居者是否真的可以得到内心的追求，在心底是否还留恋昔日的城市风貌，留恋孩童时的院子，留恋院子里的一草一木，留恋在树荫下跳房子（一种世界性的儿童游戏，早在罗马时代遗留下来的地面铺装上就有类似的图案）。

我国的住宅景观建设始于改革开放之后，随着人文精神的回归和设计理念的发展，在重视生态环境的现今，我们所倡导的宜居环境，应该是属于某一城市的宜居，这种宜居的环境只能享用，而不能复制，只是目前能做到这一点的住宅项目可谓寥寥无几。城市住宅用地作为城市建设用地中所占比重较大的土地之一，其景观风格的选择和设计更是关系到城市形象，乃至市民生活、工作、娱乐的健康发展，深入“城市良心”。景观风格既反映了当地自然地理环境状况，也反映了当地人们的价值观、审美观，更反映了这座城市多少年来的历史文化，甚至反映了在不久的将来这座城市和市民将要发展的方向。从河北省各城市所呈现的住宅景观风格建设的现状来看，应该投入更大的精力从城市文化的视角深入研究住宅景观的风格问题，为宜居环境、为城市建设指引可持续发展的方向。

1.1 研究的缘起

1.1.1 国际背景

当今时代最典型的特征就是全球化。全球化趋势给我国城市建设带来了前所未有的机遇和挑战，人们的生活、生产方式都在快速与国际接轨，产生的碰撞与火花激励城市建设不断向前迈进。但是在过去的近百年中，人类在享受机器、工业、现代化城市带来方便与舒适的同时，也尝到了城市极速发展所带来的环境恶化、资源枯竭的恶果。

与此同时，不管是发达国家还是发展中国家，人们对于居住的概念开始不仅仅停留在“有个立锥之地”的基本需求上，城市、建筑等人居环境的生态观念、可持续发展观念和以人为本的观念逐渐形成。在新时代，人们不得不重新认真考虑人本身、人与自然、人与人的关系，提出了以人为本的思想。“可持续发展”战略是一次“世界范围内可持续发展行动计划”。20 世纪 70 年代之后，召开的三次联合国国际人居会议，都将人类住区发展列为重要的中心议题；20 世纪末第 20 届世界建筑师大会通过了《北京宪章》，吴良镛先生同样提出了人居环境的重要性。

目前，城市文化也已经成为世界研究的专题，2004 年 9 月在巴塞罗那联合国人居署召开了第二届“世界城市论坛”，其主题是“城市：文化的十字路口，包容性还是整体性?”提出了如何创造性地合理有效地利用文化资源，探索城市化的发展之路等问题；如何在城市大发展环境中发挥文化的重要作用等问题；如何在城市景观中体现文化的价值等问题；城市文化已经成为现代城市住宅景观着实需要考虑的问题。既有机遇又有挑战的国际背景将为我国的城市居住环境建设的实践活动注入新鲜活力。

1.1.2 国内背景

随着 20 世纪 80 年代的改革开放不断深入，我国的城市建设发生了日新月异的变化，尤其是各城市住宅建设都在如火如荼地进行，实用、美观的住宅小区随处可见，居民的居住条件得到改善，生活水平明显提高。人们开始从过去关心室内的居住面积、居室布局等基本生活功能，转为关注室外设施、景观、生态等环境外部功能，以往千篇一律的住宅模式已无法满足居民多层次的居住要求，住宅景观开始与居民的生活质量息息相关，与小康生活密切相关，并逐渐成为衡量住宅区域质量的重要指标，成为城市形象的一个重要组成部分，并影响现代化城市的形象，如目前全国讨论的热点话题——城市形象与城市良心。

首先，随着我国城镇化进程加快，城市人口剧增，为城市居住环境的建设带了前所未有的机遇和挑战。一方面住宅市场消费需求空前增加，另一方面给城市建设带来巨大压力。《中国城市发展报告（2012）》指出我国的城市化率已达到51.27%。其中河北省在2012年的城市化率达到了46.8%，有6个城市的人口超过百万。从这些数据中可以看出我国开始进入“以城市型社会为主体的新的城市时代”。城市化进程加快必然会导致城市人口聚集，这样就需要有更多的住房以满足更多的人口数量所带来的居住需求。据有关统计数据，截至2012年年底，全国城镇竣工住房面积达10亿平方米；据科学院分析预测，为满足全国城市化率达到55%时的住房需求，则城市住宅面积每年仍需以10亿平方米的速度增加。

城市化也带来了诸多难题和困扰。在推进城市化进程中，各大中城市市区进行的大规模城市更新运动给城市环境、人力物力资源等带来了巨大的压力；在城市更新改造中，各种各样的“大破坏”时有发生，文物古迹、自然遗产、非物质遗产都受到了不同程度的破坏，甚至有些完全消失，取而代之的是千城一面的高楼、大厦；此外，如此快速的城市住宅建设，如此密集的住宅楼群也带来邻里关系淡漠、设施不够人性化、家庭结构变化等社会伦理、秩序问题。当人们从四合院、独门独院等传统住宅搬进高楼大厦，以村庄为单位形成的邻里关系被城市社区组合所代替，以大家庭（几代同堂）为单位的传统居住模式转变成以小家庭（一家三口）为单位的居住模式，再加上目前人们快节奏的生活状态，使得住宅小区的“院子”几乎成了摆设，人们在院子里相互交流时间少了。住宅景观中的一事一物是人们重温和睦友爱的邻里关系的纽带，而目前住宅景观规划、设计和建设上人文精神的欠考虑是一种城市文化的缺失。

可见，目前城市化有发展的一面，也有负担的一面。李克强总理在答记者问时强调：“城镇化是以人为核心的城镇化。”这是一种人文精神的回归，更是一种文化的自信。城镇化或城市化过程中，在住宅景观中加入城市文化元素或者符号，使之更符合人们日常生活中的习俗、习惯，把城市形象建立在城市良心的基础上，则更能在城市建设中展现对居民的人文关怀。

其次，城市居民结构日益复杂，随之而来的个性化消费也越来越突出。众多不同背景的人聚集在城市，使居民结构日益复杂，或以职业划分、或以收入划分、或以学历划分等，人口分异现象越来越突出。千人千面，根据不同的年龄、职业、学历、经济收入、文化修养、兴趣爱好的不同，消费者会形成一定的消费偏好。住宅作为一种特殊的消费产品也要满足城市居民日益复杂的消费偏好，住宅个性化会导致相似群体相聚而居。消费者会用个性的住宅或住宅区来展现成就、地位等等，开发商也会为了赢得更多的客户，逐渐由规模、价格竞争，转变为品味、品牌的竞争，住宅景观是形成居住环境风格的重要组成部分，其在住宅市场中所发挥的作用是毋庸置疑的。

1.2 国内外相关理论研究

1.2.1 国外相关研究现状

古希腊时期的多立克柱式、爱奥尼柱式、科莱斯柱式是西方风格的源头，至今仍如此。在当代景观中，依然能够体味到厚重的历史感。从1851年第一届世界博览会由玻璃和预制件搭建的水晶宫（图1-1），现代设计开始崭露头角，并迅速传遍全球，一直延续至今。现代设计开始在各国城市建设中备受青睐。当它传至美国、芬兰、日本等地时，当地都提出了要建设属于自己的建筑，促进了相关理论与实践的研究。俄国金兹堡的《风格与时代》就是其中之一；另外还有日本安藤忠雄的《安藤忠雄论建筑》，提出了现代主义的地域性；隈研吾的《十宅论》提倡日本自身的现代主义。城市建设的国际主义风格和地域风格之争一直不断。从我国目前的城市住宅景观风格看，国外风格的发展演变对我国目前城市景观建设的影响是巨大的，但多数还停留在复制、模仿阶段。

图1-1 水晶宫

国外关于人居环境的理论研究最早发展于经济发达的国家。20世纪50年代，工业化带来了环境的恶化，引起了政府和人们的关注，开始重视人的居住环境问题。英国于1909年制定了《住宅与城市规划法》。苏联在人居环境的研究体系中将其称为住宅生态学，注重人与住宅区之间的关系。60年代之后，发达国家住宅建设相对减少，开始进入城市住宅更新阶段，居民对住宅的要求也开始发生变化。“人”的复杂性、行为多样性等特征因素开始融入城市住宅环境，并出现了人文景观在住宅区的运用。凯文·林奇的《城市意向》涉及人根据知觉、感受认识城市；英国格拉罕在《城市住宅设计》中提出了城市遗产对住宅设计的影响，城市住宅应适应城市形态发展等思路，并对城市高密度住宅建设进行了研究；简·雅各布森在《美国大城市的生与死》中提出对功能区有机复合；M. 科比特提出《更好的居住场所：明日社区新设计》。层出不穷的城市住宅环境问题，伴随着高新科技的迅猛发展和人文精神越来越受到重视，使住宅的设计理论、理念和方法出现多元化的发展。

1.2.2 国内相关研究现状

追溯中国的住宅发展历史，从新中国成立之初到1978年是福利住宅一统天下，由于特定的历史环境，国家经济发展较慢，人们生活水平相对较低，大多数城镇居民都要等待组织分房，基本上谈不上要求住宅环境的舒适性。

改革开放之后，随着社会经济的大力发展和房地产市场的放开，人们开始对居住环境有所关注，住宅建设无论从设计还是从理论研究上得到了长足发展。如北京塔院居住小区已经非常注重居住庭院的绿化设计，苏州市彩香村居住小区也引入住宅组团、外景等设计理念；1988年10月在北京召开居住区规划学术研讨会，对变革时期的居住区规划提出了新的要求，并注重将多学科综合到住宅环境建设中；1992年北京市建筑设计研究院白德懋所著《居住区规划与环境设计》，注重从城市空间尺度研究住宅环境，并发表了《居住区规划——人们生活活动的环境设计》等论文。1998年住房改革启动，开始了房地产货币化阶段，房地产市场诞生了，市场经济的规律作用开始发挥影响，为了达到居者“优”其屋，房地产开发者更加注重在住房产品上做文章，出现了众多高端城市住宅。但是，随之而来贫富差距拉大，资源浪费等问题也越来越突出。

近些年的大拆大建，使得城市形象被淡化、名胜古迹被破坏、城市历史文脉被隔断已经成为城市建设中亟待解决的问题，并由此引发了这个时期对我国城市居住区环境理论研究的迅速发展，如对可持续发展、城市形象、人文要素、生态要素的重视；加强居住区环境建设满足老年人、儿童等特殊人群的需求，尤其是“景观”概念在我国的发展。这些都体现了对城市与人居环境的研究逐步走向系统化、多元化。1999年，中国房地产业协会常务副会长顾云昌发表《住房、住区与城市形象》，讨论了住区硬环境与城市形象的建设；吴良镛先生出版、发表了许多关于城市文化、乡土建筑、人居环境科学的书籍及文章，指出文脉在城市建设中的重要性；同济大学刘滨谊老师倡导人居环境学；江南大学过伟敏老师在《城市景观形象的视觉设计》中强调了城市特征、建筑风格，以及城市文脉的延续；故宫博物院院长单霁翔在《从“功能城市”走向“文化城市”》中非常详细地阐述了如何成为文化城市的路径；河北科技大学吴晓枫老师发表了《保护与利用乡土建筑的对策研究》（河北省社会科学规划课题），定义了乡土建筑，并提出了保护对策建议，为文脉的保护提供了参考；石家庄铁道大学刘瑞杰老师发表的《关于河北省会城市色彩个性化发展的思考》，为2008年度河北省社会科学界联合会民生调研重点课题“打造省会个性色彩构建城市品牌形象——石家庄城市色彩规划研究”的论文成果，对城市住宅景观风格的个性研究具有重要的参考价值。

以上理论研究大多与城市、文化和住区建设相关，而关于我国当代住宅景观风格的理论研究成果还相对较少，所涉书籍大多只是关于建筑风格和发展历史的内容。由于西方设计理念对我国住宅房地产业的冲击，在住宅建设中呈现出了多种风格，很多人开始认识到众多而无序的景观对城市整体风貌的影响，业内人士也以著作或论文的形式阐述自己的观点，王受之先生倡导能反映历史文脉的住宅景观风格，并与万达合作出版了与住宅景观建设有关的书籍；其论文包括《新中式居住区空间景观设计的研究》、《现代居住区中的欧式风格环境景观设计研究》、《“文化场景”特质与景观风格形成》等。总之，日益丰富的理论研究对在文化视域下的城市住宅景观风格的健康发展起到了积极的推进作用。

1.3　当今城市住宅景观风格设计中存在的主要问题

随着我国房地产业的诞生和成熟，居民的住宅环境逐渐受到重视，相应理论研究和优秀的设计作品也层出不穷。但是在处理城市住宅景观风格的环节上依然存在一些问题。

首先从理论研究上看，住宅景观本应该是综合性的，涉及多学科的交叉，但目前的研究成果多只关注专项或具体设计方法的研究，如对城市文化的研究（多以如何保护城市文化遗产、如何树立城市形象为主），对住宅外环境设计的研究（多以具体的水体设计、植物设计、硬质景观设计为主），而关于住宅景观风格的研究较少，将城市文化和住宅景观风格相互连接的理论研究就更少了。

其次，从实践成就上看，目前的住宅设计和销售策划大都以“风格”打头阵，从眼花缭乱的广告语中就可以看出：“纯正法兰西风格”、“英伦小镇”、“异域风情”。风格在现代住宅景观建设中非常重要。但是一方面，既定的风格模式总是屈指可数的，无法满足全中国成千上万的住宅楼盘。因此，目前的城市住宅楼盘多为原有风格的复制品，雷同现象严重，进而造成城市的雷同，出现了住宅景观风格对城市文化体现的模糊性。另一方面，外来风格袭来的结果是本土风格或者说是地域风格丧失。

最后，从理论研究和实践关系上看，城市的新有住宅楼盘早已铺天盖地，而理论研究相对滞后。我国接受和模仿欧式风格住宅小区已经有 20 多年的历程，因为房子气派，绿化也好，一直都有很不错的市场认可度。但是在步入 21 世纪前后，随着欧式风格大量、高速蔓延到各个城市，发现过度模仿会给城市建设带来许多问题，不只是形象上的雷同，从某种意义上也可说是对社会资源的一种浪费，而且对城市原有环境、文化遗产也造成了一定损失。随着我国综合国力的增强，对自身的文化自信逐渐回归，人文关怀开始成为城市建设主导者必须考虑的因素，人们开始重新审视中国住宅文化特色在当代住宅建设中的作用，并开发了如“第五园”、“观塘”等一些非常优秀的具有地方特色的住宅。但随着这种现代徽派或四合院式的住宅快速发展，也开始重蹈覆辙，不分东西南北，清一色的青砖黛瓦，南方风格北上，沿海情调内迁，这种伴随着经济强势而来的文化强势，造成住宅设计建设的又一次模仿，并成为风格设计中存在的重要问题。

1.4 研究的意义

1.4.1 促进河北省文化型城市建设

城市住宅环境是城市环境的基本组成部分，一个城市的生活住宅用地大约占城市建设总用地的40% ~50%，属于城市中较大体量的环境体系。因此，城市住宅景观关系城市景观的空间特征，是城市肌理的决定性因素。应在城市文化的视域下对城市住宅景观风格进行研究，加强两者之间的相互联系，通过从多角度促进河北省文化型城市建设塑造城市特色，促进文化遗产保护，让每一个市民真正体会到自己是城市中的一员，形成热爱故乡、热爱自然、热爱生活的社会氛围。

1.4.2 有利于积极应对外来景观风格

大量的外来景观风格来袭，并进行大规模建设，其势头是阻挡不住的。我们既不能因为它们体现不了城市特质而拆除，也不能因为它打乱了城市肌理而重建，只能在目前的城市背景下正确对待外来的景观风格，用审视的目光来接纳。应抓住城市文化与城市住宅景观风格的相互关系，体现兼容并蓄的地域特点。

从住宅景观的建设历史来看，每种风格都是根据一定的自然地理、气候、人文等因素形成的，风靡一时的外来风格真的适合我国吗？千城一面的风格能够经得住审美价值观念的考验吗？只有具备了地域特色的住宅景观才能成为一座城市的风景线，只有住宅景观融入了地域文化和历史传承才能具有永恒的审美价值，只有住宅景观符合了当地自然地理气候环境才能不被历史风沙所侵蚀。

1.4.3 实现缔造理想家园的梦想

从住宅沿革的历史可以看出，人们一直在追求美好的理想家园，现在的城市住宅面貌就是人们不断追求的结果。它们敏锐地反映着当地人们的生活需求、状态、习惯等，与当地的城市文化紧密相连。相信在大量的映射西方生活图景的居所中也许可以让人感觉到国际化、感觉到气派，但难免会有生活断层之感，难免会有“故乡变他乡”之感。因为那些图景并不源于这里。我们的理想家园是土生土长的家园，这种归属感是特别的，不可替代的感情。

住宅景观是民族文化、生产力发展水平与地方自然环境结合的产物[1]。住宅景观的背后是对民族文化的向往，当人们对自身文化从丧失信心到信心回归，再到重拾民族自尊，外来的风格已经不再能满足人们对住宅景观的诉求，住宅景观设计建设中，如何体现当地居民本身的“理想家园的梦想”已经显得越来越重要和迫切。

2 相关概念的界定及辨析

2.1 城市、文化、城市文化与城市印象

2.1.1 城市

人类最伟大的创造，莫过于城市[2]。在城市数千年的发展史中，城市是人类聚集、交换的节点，是“荟萃”之地。在20世纪初全世界有1.5亿人居住在城市地区，到21世纪初，世界城市人口接近30亿，2012年我国的城市化率更是达到了51.27%。城市日益成为人类活动的中心，城市生活逐渐成为主导。城市魅力无穷。城市历史学家路易斯·芒福德（Lewis Mumford）在他的名著《城市发展史——起源、演变和前景》一书中开篇便连续问道：“城市是什么？它是如何产生的？又经历了哪些过程？有些什么功能？它起些什么作用？达到哪些目的？”[3]其实关于“城市”的描述甚多，出于不同的观察和分析问题的角度，每个人对城市都会有不同的理解。

教育和文化学者杨东平先生认为：“城市是一个自然和地理的单元；城市是人类一种聚集的方式；城市是一片经济的区域；城市是文化的空间；城市是一代又一代的光荣与梦想、期冀与抱负；城市是一种生活方式”[4]。美国规划家凯文·林奇（Kevin Lynch）认为：“城市可以被看作是一个故事、一个反映人群关系的图示、一个整体分散并存的空间、一个物质作用的领域……”[5]城市经济学家K. J. 巴顿（K. J. Button）认为城市是一个“网状系统”。路易斯·芒福德认为：“在城市发展的大部分历史阶段中，它作为容器的功能都较其作为磁体的功能更重要；因为城市主要还是一个贮藏库，一个保管者和积攒者。城市是首先掌握了这些功能以后才能完成其最高功能的，即作为一个传播者和流传者的功能。……社会是一种‘积累性的活动’，而城市正是这一活动过程中的基本器官”[6]。可见，城市这一概念宽泛而复杂，综合众多学者的观点，我们可以得到以下与本课题相关的一些认识。

城市是一个复杂系统，人、社会设施、管理机构等相互交织，人的繁衍生息使一座城市的历史延绵不断，政治、经济、艺术、市民生活状态逐渐沉淀、积累，形成其特有的内涵。城市是这些内容的容器，记录着“人类思想、情感与成长过程的所有片段”[7]。具有包含各种各样文化的能力。

2.1.2 文化

英国人类学家 E. B. 泰勒（E. B. Tylor）被认为是国际上第一个定义“文化”概念的，1871 年他在《原始文化》中写道：“文化是包括知识、信仰、艺术、道德、法律、习俗，以及作为社会成员的个人获得的其他任何能力在内的一种综合体”[8]。文化内涵同样宽泛而复杂。文化是“一个民族的生活方式的总和”；“个人从群体那里得到的社会遗产”；“一个汇集了学识的宝库”；“一种历史的沉淀物”……美国文化人类学家 A. L. 克罗伯（A. L. Kroeber）和 K. 克拉克洪（K. Kluckhohn）在分析考察了 100 多种文化定义后对其下了一个综合定义，并为现代许多学者所接受：文化存在于各种内隐的和外显的模式之中，借助符号的运用得以学习与传播，并构成人类群体的特殊成就，这些成就包括他们制造物品的各种具体式样，文化的基本要素是传统思想观念和价值，其中尤以价值观最为重要[9]。

在此我们可以将文化理解为：

第一，它是人类社会实践过程中所创造的物质财富和精神财富的总和，精神层面是最稳定的深层结构，物质层面是最活跃的表层结构。其中既包括城市建筑、广场、文化景观、遗产等，又包括价值标准、精神风貌、风俗习惯等。

第二，文化是特殊的。文化是在一定的历史阶段，一定的地域环境，由特定人群参与产生的，这一个特定群体使用共同的语言，遵守共同的风俗习惯，养成共同的心理素质和性格，形成近似的生存状态。同样，不同时代、不同地域，由于政治、经济背景不同，人们形成不同的价值观、信仰、习俗和生活方式等，从而会产生明显的文化差异，形成鲜明的地方特色。所以，文化是人类或者一个民族、一个人群共同具有的符号、价值观及其规范的总和。如通常所说的京派文化、海派文化、港派文化等。

第三，文化是可以传播和学习的。美国人类学家 L. 怀特（L. White）指出：每个人都降生于先于他而存在的文化环境中，当他一来到世界，文化就统治了他，伴随着他的成长，文化赋予他语言、习俗、信仰、工具，等等。总之，是文化向他提供作为人类一员的行为方式和内容[10]。可见，每一代人生存在一定的文化环境中，并且自然地从上一代人继承传统文化，教育、审美等会受到特殊氛围影响，这样的传播和学习是潜移默化的。目前在文化大融合的背景下，文化的“学习”和“传播”显得尤为重要，各个国家、城市都在学习、参阅，甚至模仿别人的文化，来丰富本土文化内涵。

第四，文化既是历史的，又是可以创新的。文化是在人类进化过程中衍生或创造出来的，任何一种文化的形成和发展都是日积月累、潜移默化的缓慢过程，逐渐形成其“文化积淀”、“文化底蕴”，所以文化是历史发展的产物。同时，文化又随着时代发展和社会进步，不断被调整、更新和重塑，使一个民族的文化永葆与时俱进的生机和活力，所以它又是一个不断创新的过程。

第五，文化是一股推动力量。文化是活生生的、动态的，在发展过程逐步积累，代代传承、创新，同时成为某一民族的驱动力，推动社会向正方向发展。失去了文化的民族，会迷失发展方向。

2.1.3 城市文化

2.1.3.1 城市文化的含义

城市是文化的容器，文化是城市的灵魂。文化促使城市建设，城市记载着文化烙印，因此两者结合成为自然。吴良镛在《中国建筑与城市文化》一书中将城市文化的含义解释为广义和狭义两个层次：广义的城市文化包括文化的指导系统，主要指对区域、全国乃至世界产生影响的文化指挥功能、高级的精神文化产品和文化活动；社会知识系统，主要指具有知识生产和传播功能的科学文化教育基地，以及具有培养创造力和恢复体力功能的文化娱乐、体育系统等多种内容。狭义的城市文化是指城市的文化环境，包括城市建筑文化环境的缔造以及文化事业设施的建设等[11]。概括地说，城市文化作为一种特殊的文化形态包含了文化的各个方面，是多种文化的共存体，随着城市的产生、发展而形成，具有鲜明的地方特色。本书中所称城市文化是指具有城市特征的文化集合体，是城市在发展过程中所形成的生活环境、生活方式、生活习俗和价值观念等构成的整体，及其在城市空间的物质反映。城市文化其实也是变化的，只是相对于城市的变化是缓慢的，是相对稳定的城市语言，人们的习俗、经验通过城市汇集成一种相对稳定的城市语言，就是文化。

2.1.3.2 城市文化的特征

第一，城市文化的纵向发展决定其具有延续性。其中包含城市物质文化的延续，如城市格局、自然遗产、历史文化遗产、人居环境等。物质文化从最直观的视觉上让人体会到地域文化的延续。如在巴黎传统建筑和其他历史设施都得到了很好的保存，凯旋门、埃菲尔铁塔、卢浮宫、巴黎圣母院等都展示着特定文化内涵，让人马上会锁定某一座城市。但一个城市不可能一直建造凯旋门、卢浮宫样式的建筑，要对过去的城市文化进行吸收和革新，在巴黎拉德芳斯新区（图2-1）建设中，没有破坏和孤立旧区，而是延续了旧区的城市构图。如拉德芳斯新区的“新凯旋门”与市中心的卢浮宫及凯旋门在同一条轴心线上，卢浮宫高25米，凯旋门高50米，于是“新凯旋门”的高度确定为100米，同时又因为卢浮宫门前的广场宽100米，香榭丽舍大街的宽度也是100米，所以“新凯旋门”的宽度也就确定为100米。城市建设的整体性与艺术性因此而巧妙地结合在了一起。再如，被列为世界文化遗产的平遥古城，作为按照中国传统规划思想和建筑风格建设的城市，集中体现了公元 14～19 世纪前后汉民族的历史文化特色，反映了这一时期汉民族独有的社会形态、经济结构、军事防御、宗教信仰等，具有独特的城市文化魅力，并延续了非物质文化。这种非物质文化传承往往表现为城市精神深层次的积累，构成城市文化的核心，使生活在这座城市的人们从骨子里产生对这座城市的认同感和归属感。

图 2－1 从巴黎旧区眺望拉德芳斯新区的轴线

第二，城市文化的横向发展决定其具有传播性。城市是一个区域文化中心，可为物资、信息大量频繁的交流提供极为便捷的场所，随着全球化的推进，城市更是成为各种文化的集散地，并带动跨地区的城市文化传播。当城市文化的内涵越丰富、越具有认同性时，传播性也就会越大。如风靡全球的现代主义建筑风格（图 2－2～图 2－4），在我国当代各城市建设中多见的粉墙黛瓦、小桥流水的古镇水乡风格，以及对欧洲古典主义风格的学习和建造，等等，都体现了城市文化的传播。文化通过传播交流保存了其勃勃的生命力。

图 2－2 上海某住宅

图 2－3 日本六本木新城住宅

图 2－4 石家庄西美 70 后院

第三，城市文化具有多样性。城市、民族在日复一日年复一年的发展过程中，由于不同的历史、地理、人文环境，使得各城市彼此不同，并逐渐形成地域特色，形成了鲜明的城市个性特征，产生城市文化差异。这种差异恰恰表现了城市文化的多样性。

第四，城市文化又具有兼容性。城市文化的兼容性是以城市文化多样性为前提。对于同一个城市来说，多样的城市文化有机并存就形成了城市文化的兼容。美国人简·雅各布森（Arne Jacobsen）指出城市多样的一个条件便是：一个地区的建筑物应该各式各样，但又应包括适当比例的老建筑。如罗马保存了大量古罗马的遗迹，20世纪30年代规划建设罗马新城时，在建筑形式上认真借鉴了古城的风格，提炼运用了古建筑的元素，从内涵和风格上体现了文化的兼容性，使新城旧城交相辉映。

路易斯·芒福德认为“城市是文化的容器”，美国城市社会学代表人物帕克（Robert Ezra Park）认为，“大城市从来就是各种民族、各种文化相互混合、相互作用的大熔炉……新的社会形态就是从这些相互作用中产生出来的”。由于不同城市的历史、地理、人文不同，使得人们对文化理解产生了差异性。这种多样性差异的存在恰恰是文化兼容性的体现，并因此形成了各个城市独具特色的城市个性特征。全球化时代，应根据城市历史、地域性对城市文化作出合理定位，使其具有开放而宽容的个性，并通过流派、层次、时代的共生，实现不同民族、职业、习俗人群的相容，形成具有生命力和活力的城市文化。

2.1.4 城市印象

城市景观会在居民的心中形成印象，这种印象的产生总是源于一种鲜明的风格。为什么现在走在任何一个城市的街道上都有类似的感觉（当然传统街道除外），因为全国各地都在模仿潮流。类似的城市印象无法让人们产生识别性，更不用说产生感情了。凯文·林奇（Kevin Lynch）说过，“清晰的印象可以方便人们行动，无论是去探亲访友、购买商品或寻找警察。有秩序的环境更为便利，它可以成为一种普遍的参照系统，一种行动、信念和信息的组织者。生动的综合的物质环境具有清晰的印象，同时它也产生社会作用。它是符号的原材料，也为群体交往提供了一个共同回忆的基础”。所以使人可以产生清晰印象的环境不仅能够给人安全感，还可以增强人的内在体验。当人从一种混乱的生活环境中走入到更动人，有更良好视觉形象的一个环境里时，生活将会更有意义。

城市印象是观察者与环境之间双向互动的产物。城市环境提供了各种风格特征和物与物的关系，观察者带着很大的适应性和目的性，经过选择、组织赋予所见物以一定的意义，这样的意义就成为观察者对城市的印象。

在没有城市之前，“印象”可能指的是大自然，有了人活动的城市之后，我们就可以创造印象。斯特恩（Stern）曾提到艺术品便是“创造印象，以清晰而协调的形式去满足人们对生动的可理解的外观的需要”。可见，一个容易产生印象的城市，或者说容易识别的城市，应该是有一定特征，有一定风格，容易让人组织并建立起印象。

正是由于人可以产生主观的城市印象，才使城市和文化间产生了关系，形成了城市文化，因为我们发现城市文化表现鲜明的场所更容易给人们留下深刻的印象。城市文化作为一个抽象的概念需要由有形的物体来表达，景观设计就担当了不可推卸的责任。借用景观设计中的各个环节、各个要素所表现出来的风格表达城市文化，就显得尤为重要。而城市住宅景观在整个城市景观中所占的比重和重要性更是显而易见。

2.2 景观与景观设计

2.2.1 景观

有这样一个故事：从前有一个猎人，带着小男孩到草原深处打猎，小男孩凝视着眼前的一块高地，上面有一个土拨鼠的聚落，一只小土拨鼠在草丛中跳来跳去。猎人说：“在它们聚落的近旁，你总会发现有一片谷子地，有取食之便利；总是临近溪流或沼泽，有饮水之便。它们把家安在土丘的东南坡，每天有充足的阳光使洞穴温暖舒适。我们的村镇建在北坡低洼的河床上。”小男孩说：“土拨鼠更聪明些。”[12]

景观是一个美丽而又是一个众说纷纭的概念。不同的专业对其有不同的理解：艺术家认为景观是风景，建筑师把景观看作是建筑的衬景，生态学家把景观看作是生态系统，地理学家把景观定义为地表景象，旅游学家把景观当作资源、风光……而目前我们最常见的概念还是将其等同于园林绿化、街景、雕塑小品等。不同的地区，由于传统历史文化的差异对景观的定义也曾有所区别，如美国的景观主要指与土地相关的环境，日本的景观偏向于造园。而中国的景观则常指花木山水，这一解释更容易为大众所理解和接受。

可以从以下四个层次理解景观：第一，景观的视觉审美的含义。这也是景观给人最直观的视觉感受，即自然景观和人工景观呈现给人的视觉形象。第二，景观是人生活的场所。树荫下、绿篱旁、河岸边、高岗上……，无不体现了场所感，场所无处不在，人离不开场所，具体的场所和具体的人通过景观相关联。第三，景观是系统的。从宏观看，景观是一个自然生态的循环系统，如地球通过地表水、海洋、地下水、大气等的各种物理、化学作用，形成具有生命的地球。从微观上看，景观是各构成元素之间的协调统一，水、植物、构筑物、小品等元素需要人员的参与规划和设计，使之间关系具备合理性。第四，景观具有记载性的含义。景观是符号，通过形状图案、结构、材料、形态和功能，传播它所记载的某一地方的自然、人文、历史的发展演变。所以，景观是美的、生态的、文化的，强调各景观元素之间的协调统一，强调人与自然、人与人的和谐发展。景观其实就像前文的故事中所映射的哲理，人类要改善生存环境，就必须不断顺应太阳光的辐射、气候、土层、植被、河流，否则，将会丧失生活给我们带来的欢乐和满足。北京大学俞孔坚教授为景观下了一个综合性的定义：景观是自然及人类社会过程在土地上的烙印，是人与自然、人与人的关系以及人类理想与追求在大地上的投影[13]。

2.2.2　景观设计

在当代中国城市住宅规划设计中，从表面上看景观设计是美化环境、创造外部空间的一种手段，其实景观设计是城市住宅设计中有机的组成部分。本书认为，景观设计是通过合理利用自然元素、人工元素和人文元素，达到户外空间的有机结合，形成人们理想的居住形式。自然元素需要考虑当地的气候、地形、水资源等；人工元素包括景观构筑物、小品、道路等；人文元素如考虑本地的历史文脉、居住方式沿革以及对老年、儿童等特殊人群的关爱等。

2.3　城市住宅景观设计的构成要素

城市住宅景观特指在城市范围内具有当地独特的风俗氛围和人文特色的居民居住场所及与之相关的事物，并且居民在生活过程中对此产生相应的心理认知。

城市住宅景观设计的构成要素包括自然要素、人工要素和人文要素，其中人工要素中又包括硬质景观和软质景观。

2.3.1　自然要素

自然要素指气候、地形地貌、水资源、土地和植被资源等。自然要素不仅赋予居住区最原本、最生态、最特别的景色，形成居住区春夏秋冬、日出日落的景象；还会影响如建筑、构筑物的朝向、形态，色彩的设计，影响居住区中植被的保留和选择、人工水景的营造，影响通过景观设计对居住区微环境的改善等。

2.3.2　人工要素

人工要素又可分为硬质景观和软质景观。英国人 M. 盖奇（Michael Gage）和 M. 凡登堡（Maritz Vandenberg）在《城市硬质景观设计》中提出硬质景观是除绿化和建筑物外，城市中一切有形的物体，是相对于植物组成的软质景观而言[14]。在本研究中，将城市住宅景观的人工要素分为以人工材料处理的道路、户外设施等为主的硬质景观和以水、植物为主的软质景观两部分。住宅建筑物外立面对小区硬质景观的构建，或者说对住宅景观风格的形成有不可或缺的作用，因此，本书涉及的硬质景观要素包括住宅建筑物外立面在内。

2.3.3 人文要素

人类文化生活的综合体便构成了我们所说的人文要素。居住区是人们生活的舞台，在这里可以体现出居民的生活习俗风貌，住宅景观的形成也必须有人的参与才算完整。所以，住宅景观中要体现人文要素首先需要考虑人的特征，其中包括人的生理特征，如对于一个住宅开发商来说要锁定特定的消费人群，得出他们的共同特征，如民族、年龄阶段等。另外还包括人的心理特征，如对生活环境舒适感、安全感、归属感的要求等。其次，需要考虑人的行为活动。人的行为活动包括个体行为和群体行为。在居住区中可能的行为活动有散步、聊天、下棋、晨练、游乐、乘凉，开展一些节日庆典等。人的特征和行为活动与住宅景观环境形成强烈的互动关系，人的特征和行为活动会影响景观的形成，好的住宅景观环境会体现人的特征和符合特定人群的行为活动。总而言之，人文，即重视人的文化，包括人对自身文化历史的诉求。人文要素的特点便是以人为本，关注人，关爱人，满足人的生理需求和心理需求。在住宅景观设计中，设计师可以通过某些手段来体现人文要素，如对城市历史风貌的保护和运用，增强居住者的归属感；合理设计活动场所，满足居住者对健康、交往的需求。

三大构成要素见表 2－1。

表 2－1 景观设计构成要素

<table>
<tr><td>自然要素</td><td colspan="3">气候、地形地貌、水资源、土地和植被资源等</td></tr>
<tr><td rowspan="7">人工要素</td><td rowspan="5">硬质景观</td><td colspan="2">住宅建筑外立面</td></tr>
<tr><td>道路景观</td><td>含地面铺装、踏步、坡道、挡土墙、围栏、栏杆、墙及屏障等</td></tr>
<tr><td>场地景观</td><td>游乐场、健身活动场、休闲广场等</td></tr>
<tr><td>构筑物</td><td>亭、廊、棚架等</td></tr>
<tr><td>小品及户外设施</td><td>含照明、座椅、垃圾箱、雕塑小品、电话亭、信息标志、护柱、种植容器、自行车停车场、机动车停车场等</td></tr>
<tr><td rowspan="2">软质景观</td><td colspan="2">水</td></tr>
<tr><td colspan="2">植物</td></tr>
<tr><td>人文要素</td><td colspan="3">人的特征和行为活动特点</td></tr>
</table>

2.4 城市住宅景观设计

2.4.1 城市住宅景观设计分类

人类为了可以更好的生存，需要创造适合自己居住的空间。人类的居住环境从简陋的茅屋草舍，逐步发展到多种多样的现代住宅，居住环境一直是人类生存与发展的基地。

人的生存需求，促成了人类的繁衍，以人的生活需求为中心构成的人文环境表达了人类生存的意义。居住环境是人类历史与文化的载体。随着城市的急剧发展，从混杂的城市环境中分离出来的，相对独立、完整，并且延续至今的居住环境，记录着人类居住的演进历程，地方文脉、邻里关系表达出中国居住环境的某些文化特征，封闭的城堡是西方国家历史的见证。了解这些房屋的历史，对于今天的建设有很大的意义。

2.4.1.1 城市住宅景观的构成

住宅是城市最为基础的要素之一，而居住区就是其中最为基本的用地单元，在城市中占有非常大的比重，其环境的优劣直接影响城市的发展和城市居民的生活质量。居住区在为人们提供了居所的同时还提供进行各种户外活动的可能性，其既使居民获得丰富的生活，又使小区充满了活力。而居住环境担负着向人们提供舒适居住生活的任务，同时也提供了一定的场所，为人们提供日常活动空间，担负一定的社会功能。居住环境的优劣是一个小区好坏的基本要素。

随着社会经济的飞速发展，人们的生活水平得到了巨大的提高，人们对居住区环境不只着重居住功能，更看重居住区整体环境质量，希望营造一种舒适、自然、安全、卫生、便捷的居住环境。居住区环境逐渐成为城市居民选择居住地重点关注的对象，因此居住区环境的优劣直接影响居住区的入住率。

2.4.1.2 景观设计的分类

根据现阶段居住区居住功能特点，本书对于景观设计做了一个简单的分类。其中，景观设计元素是组成居住区环境景观的素材，设计元素根据其不同特征分为功能类元素、园艺类元素和表象类元素，这三大类元素与绿化种植景观、道路景观、场所景观、硬质景观、水景景观、庇护景观、模拟景观、高视点景观、照明景观一起共同组成了居住区的景观环境。

2.4.2 城市住宅景观设计现状分析

目前，房地产市场升温，人们对于居住的要求也越来越高，居住区环境建设呈现繁荣的景象，我国城市居民的居住环境有了更大的改善。然而由于开发商较注重商业炒作，且缺少一定的设计能力，及大量非专业以及专业素质不高的设计人员加入到这一行业，使居住区环境设计出现了诸多弊端，导致一些居住区环境塑造走入误区。目前居住区环境景观建设设计存在如下主要问题。

（1）忽视了风格与环境的协调。居住区环境景观设计要根据当地的文化背景，以及居住区周围的环境建设设计，并参考住户多数人员的生活习惯、工作性质。改革开放后，很多人有了出国的机会，看到欧洲几何对称的园林、开阔的大草坪很壮观，于是欧陆风、草坪风等风格的住宅小区不断涌现，追求西方皇家园林的豪华气派，如洛可可庭园、维多利亚宫廷园林、英式皇家庭园、意大利式玫瑰中心广场，还有欧式罗马住宅、欧式喷泉，等等。在我们的居住环境中适当引入国外居住区环境景观的一些特点，特别是对涉外企业及外籍人士曾经和现在生活、活动频繁的区域，适当地建设欧式居住环境，对于我们的居住区形态有很大的提升，也可满足部分居民的审美需求。但是，成为“风气”就走入了误区。

（2）忽视功能和空间的多样性。设计师通常会花很大的精力研究一个居住区的环境，但有时太过于注重强调居住区视觉形象，而忘记了房屋的基本功能。设计的出发点往往不是为住户营建亲切舒适的户外活动空间，而是为了追求强烈、震撼的视觉刺激，流于形式美，不注重从功能要求上合理安排开放和隐蔽空间，结果出现过于空旷、单调的空间效果，缺少具有亲和性的小空间。据调查，大多数居住区环境都无法适应当地的人们开展多种活动的需要。

（3）忽视环境景观的生态效率。从20世纪80年代至今，草坪设计一直非常流行，许多居住区绿地是疏林草地，反而忘记了乔、灌、草复层植物的建设，特别是忽视了乔木、灌木、地被在改善生态环境中的作用，不但结构单一、生态效率低下，而且为大面积草坪的养护管理付出了昂贵的代价。一些设计师忽视了居住区景观环境诸要素在各种不同空间的具体要求及冲突，如空间围合与通风、遮阴与透光、扩大绿地面积与营造活动空间等矛盾冲突，没有设计不同的环境空间，故需要更多围绕提高生态效率进行建设。

（4）忽视地域历史文化背景。过度强调居住区环境景观，忽视地域文化建设。不管是什么地方，都有其本土鲜明的特征，而景观设计师的任务便是保留和发挥这种精神。然而，在现代居住区环境设计中却很少结合原有地形地貌，充分发挥有限的资源优势，填埋基地中原有的池塘、挖掉山体是极为常见的现象。一些居住区景观为了传达某种主题，形成各种充满通俗、隐喻、讽刺或异域文化的主题，这些主题也许会一时流行，但是，是不可能长久的，因为这种忽略了地域文化的设计，是没有根基的。

（5）可持续发展的理论没有得到有效贯彻与落实。可持续发展理论对各个行业都具有指导作用，环境景观建设也应可持续，但是，在实际的实施过程中，却大打折扣，没有得到非常有效的贯彻与落实。其一，忽视地域环境特色和个性特色，模仿克隆者居多，千篇一律、因袭雷同的现象较为普遍，其风格与形式很容易过时，缺乏可持续性。其二，在绿地系统建设中，树种单一，不注重树种的多样性，最终影响绿地系统植物群落的稳定性；还有部分建设单位为了追求近期效益，在居住区内大量应用速生树种，不但影响群落的可持续发展，而且使子孙后代失去更多的欣享古树名木机会。其三，在植物材料的选用上过度追求植物珍奇与奇特，忽视了对本土植物的利用，盲目大量引进外来植物，不但劳民伤财，也不利于绿地系统的可持续发展。其四，忽视居住区环境景观的发展，随着树木花卉的成长空间变得壅塞，失去了设计之初的比例。

（6）人性化设计欠缺，缺乏亲切感。居住区环境景观设计实际上是为了让居民有一个更高的生活品质，所以，人性化设计在居住区建设中非常重要，但是，目前忽视居住区人性化设计与建设的情况不在少数，主要体现在以下几个方面：设计者和用户缺乏沟通，不尊重居住者的需求；居住区的安全性问题考虑不周，如预防火灾、水灾的系统建设，预防突发事件的绿色通道系统和残疾人无障碍通道建设等；没有足够重视居住环境的健康性设计。如日照、通风、防尘、消除噪声等问题；很多环境设计没有一个系统的指导思想，造成建成的环境作品没有实际的意义。

2.4.3 城市住宅景观设计的原则

2.4.3.1 社会性原则

社会性原则实际上是人本原则的一个延伸。从“为大众的住宅”到“为大众的社区”，不能让小康仅仅是停留在“小康住宅”，而要扩大为“小康社区”和“小康社会”。传统的居住区规划只关注物质环境的设计而缺乏社区建设，结果是居民对社区的“拥有感”不强。因此，在设计与营造居住环境时要赋予环境景观亲切宜人的艺术感召力，通过美化居住区生活环境，体现出优良的社会文化，促进人际交往和精神文明建设，提倡居民积极参与设计、建设和管理自己的家园，使居民拥有的居住区环境成为他们的精神乐园。

同时，在设计与营造居住环境的时候，我们需要时时体现人的社会属性，利于人际交往，赋予人们更大的发展空间，要对人的居住行为、心理变化有深层次的介入，从多层次关注人的情感，促进社会交往，共建和谐社会。

2.4.3.2 经济性原则

居住区环境景观的设计实际上是一个非常严谨的工程技术科学。在景观的构成上，需要依赖技术手段，科学运用材料、工艺、各种技术，才能实现设计意图。这里所说的科技，包括结构、材料、工艺、施工、设备、光学、声学、环保等诸方面。

应根据不同的地域和当地的经济条件，并且顺应市场的发展，将节材和合理使用土地资源放在一个更为广阔的平台上；提供朴实简约，克服浮华铺张和过分追求为景观而景观、“大”而“空”的片面倾向，要尽可能和有针对性地采用新技术、新材料、新设备来有效地完善、优化居住环境，以取得优良的性价比；应根据市场需求，以及居住区开发的长期效益来确定环境建设的具体方案、管理运作模式，并考虑前期投入成本，并通过精心设计与施工来完成。

2.4.3.3 生态性原则

要保持现存的良好生态，对不良生态环境进行改善，对人工环境与自然环境进行合理的协调，提倡将先进的生态技术运用到环境景观的塑造中去，在满足人类回归自然的同时，促进自然环境系统的平衡发展，使之有利于人类可持续发展。居住区景观设计首先要考虑当地的生态环境特点，对原有土地、植被、河流等要素进行保护和利用；其次要进行自然的再创造，即在充分尊重自然生态系统的前提下，发挥主观能动性，合理规划人工景观。不论是在住宅本体上或是居住环境中，每一种景观创造的背后都应与生态原则相吻合，都应体现出形式与内容内在的理性与逻辑性。寻求适应自然生态环境的居住形式，提高居住环境的质量，从而给人们一个整体有序、协调共生的好的环境，让居民的生活质量得到提高。

2.4.3.4 人性化原则

人是居住区的主要个体，也是居住区的使用者，人的习惯、行为决定环境的布置，设计者需要做的是尽量满足人的需求，这样才可以让居住小区的活力得以再生。因此，要将“以人为本”的理念贯穿于环境设计之中，满足人们不断提高的物质和精神生活需求，以及社会关系与社会心理方面的需求。环境景观设计中物质空间形态的完成并不是设计和营造的目的，应始终坚定环境的建构是服务于人、取悦于人。以人为本的原则是居住区环境设计的关键要素。

居住区景观设计要考虑人们的视觉感受，人的视觉活动不一样（如远眺、鸟瞰、近观），感受的环境也是不一样的。针对不同的视觉活动方式，在不同的范围内景观设计也应采用相应的方法抓住要点，通过造景、借景、移景等手段以适应人居环境的各种需求。

2.4.3.5 整体性原则

从设计的行为来说，环境设计是一个用来强调环境整体效果的艺术。从整体上来说，是一个用来确立居住景观特色的设计基础。实际上，这种特色来自于对当地的气候、环境、自然条件、历史、文化、艺术的尊重与发掘。通过对居住生活功能、规律的综合分析，对地理、自然条件的系统研究，对现代生产技术的科学把握，进而提炼、升华、创造出来一种与居住活动紧密交融的景观特征。

整体性实际上是居住小区规划设计的一个主要点，是“灵魂”。其通过对整个小区的空间组织、住宅建筑群体布置、小区的整体色彩、绿化布局等，构造小区的整体形象。同时，也要保证彼此间的协调，强化社区总体特征，形成自然、幽雅、有序的社区空间环境。大型住宅区在景观的总体把握上，可以通过各自不同的“主题”进行设计，在符合整体性的原则上做出一个不一样的尝试。

景观设计的主题与总体景观定位应是一体化的，其确立的整体性原则决定了居住景观的特色，并保证景观的自然属性和真实性，从而满足居民的心理寄托与感情归宿。

2.4.3.6 人文原则

居住景观应反映一定的地方文化以及审美的趋向，抛开文化与美学，那么所谈的景观也就降低了景观的品位和格调。优美的景观与浓郁的地域文化、地方美学应有机统一、和谐共生。居住文化的核心就是“传统”，居住景观设计的人文特色就是在解析了传统因素之后上升到一个新的层次。

重视居住景观设计的人文原则，是从精神文化的角度把握景观的内涵特征。

居住景观是一个居住区的自然环境、建筑风格的表现，其中包括了社会风尚、生活方式、文化心理、审美情趣、民俗传统、宗教信仰等要素，主要通过具象的方式表达出来，能够给人以直观的视觉感受。因此在居住景观设计时除了选景、造景、移景、借景等自然景观之外，还应将人文景观吸收进来，从空间形态、尺度，界面的色彩，细部表达来寻找传统与现代的契合点。

应通过对居住景观整体要素的合理组构，让其具有完整、和谐、连续、丰富的特点，这是美的基本特征。居住景观之美能潜移默化更新人的观念，提高人的修养，提升人的品质，培养人的情操，这是创造优美居住景观的更高追求。

2.4.3.7 历史与地域性原则

居住区环境的内容较多，它是将人文、历史、风情、地域、技术等多种元素与景观环境相融合的设计。应在不一样的局部表现不一样的风格、表达不同的内容，各种风格的融合应以地脉、文脉为依据，因地制宜。要注意和体现建筑地域的自然环境特征，遵循地区气候特征和各地民俗、历史、城市发展状况；因地制宜地创造出具有时代特点和地域特征的空间环境，不可毫无节制地盲目移植；要尊重历史、保护和利用历史性景观。对于历史保护地区的居住区环境设计需要更加整体的统一设计，按照保留在先、改造在后的思想，真正创造出一个具有历史文化的环境空间。

2.4.3.8 协调性原则

居住区的规划需要做到和自然环境的相互协调，这样可以通过规划设计，将住宅、道路、绿化、公建配套、市政配套在用地范围内进行精心合理的布置和组合，创造有序流动的空间系列。在规划设计中应充分体现“人—建筑—环境”。优秀的居住景观不是仅停留在表面的视觉形式中，而是从人与建筑协调的关系中得到精神与情感，深入人心。

2.4.3.9 科技性原则

在当今社会，人们的居住要求更加趋向信息化、舒适化、快捷化、安全化。所以，在居住区环境景观设计中，需增加高科技的含量，如智能化小区管理系统、电子监控系统、智能化生活服务网络系统、现代化通信技术等，新的材料可以让环境设计出奇出新。

2.4.4 城市住宅景观设计的指导思想

住宅小区的环境设计是一个较大的综合的工程，其中涉及的社会、经济、生态、文化等，是需要特别关注的领域。住宅区是城市重要的组成部分，居住空间是城市空间的延续，人是居住区的主体，人的生活方式的丰富内涵和无穷外延是我们所在的世界多姿多彩的源泉，而居住行为从本质上讲是人类最基本的行为方式。正如芦原义信所言“人类只是由于居住而存在”。居住环境是与人类居住行为密切相关的生活空间环境。首先，它是一种生活环境，在形式上表达为物态的空间环境。其次，它是人类物质环境、社会环境和行为心理环境有机统一的综合网络系统。在某种程度上，它是物化了的生活目的，是将我们的空间变得生活化。

2.4.4.1 关注居住宜居性

现代居住区更加看重的是人性、人情，这可让每户居民都感受到一个良好的居住环境，让人们能够感受到人格的尊重。因此，第一，要强调居住区环境资源的均好和共享。第二，要强调归属领域的享用，每个家庭都能分配到一个较贴近的领域空间，使他们能方便地享用。这个被称为“院落空间”的场所应做到围合性强、形态各异、环境元素丰富、安静、安全，可供老人和孩子休息、游乐，供居民邻里亲切交往，是功能性和观赏性兼有且被认可的空间。还应强调物理环境的人性化，使每个家庭都能获得良好的日照、采光、通风、隔声和朝向，这样可以更好地保证有效的日照间距，让夏季的主导风向得到更好的流通。

2.4.4.2 延续城市文脉

居住区是一个最为基本的构成部分，需要结合地理环境，根据当地的历史文脉，将居住区融入到整个城市之中，充分体现城市的建筑文化传统、居住环境文脉、城市景观环境等城市构成的文化要素。

居住区内应有文化艺术品，营造文化与艺术的和谐，让人们可以更好地得到文化的启迪、文化的升华以及美的享受。一个好的居住区景观环境应以人为本，小区的自然生态环境应与城市总体生态环境融为一体，城市文脉延续与小区环境文化相互融合。如北京小后仓小区规划保留了原有路径、高大树木，沿用了北京民居的建筑符号与尺度，延续了传统民居建筑历史的文脉；上海康乐小区吸取了上海民居里弄的建筑特色，塑造了总弄—支弄—住宅庭院的空间序列，强化了里弄空间的领域感，使居民拥有归属感、故居情；济南佛山苑小区借鉴旧居院落结构，总结归纳院落空间模式，做到了与环境文脉有机融合；苏州桐芳巷小区沿承原有街巷肌理，这些都让居民们更好地感受到人文环境的设计。

2.4.4.3 创建文明环境

文明环境有助于培育人才、造就人才。文明环境包括的内容很多，其中有文化建筑、文化设施、文化小品，其通过人们的教育、学习、体验、感受，提高人的精神文明素质。居住区作为城市人类居住的地域既是文化的凝聚地也是文化的承载地。居住区景观环境的文化性体现在地方性和时代性中，自然环境、建筑风格、社会风尚、生活方式、文化心理、审美情趣、民俗传统、宗教信仰等构成了地方文化的独特内涵。居住区景观环境应该是这些内涵的综合体，其营建过程也就是这些内涵不断提纯演绎的过程。单纯追求形式的标新立异，背离功能、技术和心理的行为，违背了居住的文化需求。传统文化与现实生活的割裂，将给人类带来精神上的失落和茫然，居住区景观环境应该是一个能够恢复居民对城市的记忆和体验，并且充满文化意义的场所，应当充分考虑传统生活方式的特点，寻找与现代居住区空间环境的契合点，以不同的方式从空间形态、尺度、界面的色彩、细部等表达对传统与现代的理解，延续文化脉络。景观环境的文化性体现在人们交流的过程中，这种美好的感觉可以让居民更好地爱护环境，提升环境的品质。

2.4.4.4 保持健康生态

一个住宅小区实际上就是一个生态系统，它主要的使用者就是“人”，小区内除“人”和非生物因素以外，就是生物构成的环境。所谓“生态住宅”、“绿色住宅”、“健康住宅”都是指能够保持住宅小区生态系统平衡的状态，建设这种住宅，就是为了创造能够保持和改善人类赖以生存的和可持续发展的空间。尊重自然，就是尊重人类自己。住宅小区环境应强调以人为本，以及与自然的和谐，实现持续高效地利用一切资源，追求最小的生态冲突和最佳的资源利用，满足节地、节水、节能、改善生态环境，减少环境污染、延长建筑寿命等目标。

2.4.4.5 保证可持续发展

现代居住区建设，主要提倡一种节约的、无害的建设思想。应挖掘和大力开发可再生能源，如太阳能、风能、地热能和生物能。对不可再生能源，应该考虑再生、循环、重复使用，做到高效利用和避免浪费。应减少煤、电转换的能源消耗。降低水资源消耗，采用节水的设备与配件。将污水经生化处理形成中水系统再用于园林灌溉、道路保洁、汽车洗刷、景观用水、冷却用水和厕所冲洗等，将雨水积存再用或回灌大地。将废弃物转换为无机垃圾焚烧生热，有机垃圾经生化处理成为肥料，使居住区能源的利用尽可能处于良性循环之中。积极使用清洁能源以及绿色建材，更好地减少居住区的污染，不浪费自然资源。

2.4.5 城市住宅景观设计的特点

2.4.5.1 综合性

居住区环境景观是由各种各样的要素集合在一起形成，在设计的过程中，最重要的就是将整体的环境景观进行合理的创造。居住区环境景观是由多个建筑的形态、体量、质感、色彩及周围的绿化、围合空间、景观小品等各种要素整合构成。一个完整的环境景观设计，不仅可以充分体现构成环境的各种物质的性质，还可以在这个基础上完成一个良好的人文景观，从而呈现出整体优化的效果。

2.4.5.2 多元性

居住区环境景观设计应是多元性的，其中主要指的就是，环境设计需要将文化、历史、风情、地域、技术等多种元素与景观环境相融合。当然，自然景观与人文景观并不是两个截然分离的系统，而是一个互相嵌套、交相辉映的整体。如：洞庭湖与岳阳楼，洞庭湖——自然景观，岳阳楼——建筑景观（人文景观），其结合的点睛之笔就是范仲淹的《岳阳楼记》。在城市众多的住宅环境中，既可以有当地风俗的建筑景观，也可以有异域风格的建筑景观，还可以有古典风格、现代风格或田园风格的建筑景观。这种丰富的多元形态，包含了更多的内涵和神韵：典雅与古朴、简约与细致、理性与前卫。只有多元性的居住区环境才可以让我们居住的生活环境更加丰富多彩。

2.4.5.3 地域性

居住区环境景观设计需要与使用者的文化层次、地区文化进行合理的结合，更好地满足人们物质的、精神的各种需求，从而更好地形成充满文化氛围的良好的环境空间。我国从南到北自然气候迥异，各民族生活方式各具特色，居住环境千差万别，因此，居住区空间环境景观的人文特性非常明显，也是极其丰富的环境景观设计资源。居住区环境景观是居住区形态、色彩、景象等要素的具体表现。不同地域具有不同的建筑形体、标志和环境气氛。

居住区并不是七巧板，因此，在某个特定地域也不是纯色的，这就需要我们对居民生活有更为全面的体现，但这种综合体现总有某一因素（性质、功能、建筑群体等）是主导因素，是可以统领全局的因素，或者说在设计中应该突出体现该因素。

2.4.5.4 艺术性

艺术性是环境景观设计非常重要的一个方面，居住区环境景观设计包含了很多元素，在设计的过程中首先要满足基本功能，这是基本的要求。这里的“功能”包括“使用功能”和“观赏功能”。要满足这两大功能，必须在居住区环境景观设计和营建中突出艺术性。

居住区环境景观中既有形体空间，还有意境空间，这是其中非常重要的两个内容。形体空间包括形体、材质、色彩、景观等，它的艺术特征一般表现为建筑环境中的对称与均衡、对比与统一、比例与尺度、节奏与韵律等；意境空间的艺术特征是指居住区空间给人带来的流畅、自然、舒适、协调的感受，及各种精神需求的满足。只有二者有机结合，才可以更好地让环境景观得到一个良好的表现形式。

2.4.5.5 动态性

就居住区来说，可变因素包括绿化用地的改变，以及建筑小品的更替，其中包括环境设施的变化、住宅建筑的变化，它们造成了居住区景观的不断变化。可变因素的快速变化与弱变因素（住宅、道路、公建等）的组合，就形成环境景观设计的动态性。现状是历史发展的结果、未来发展的起点，也是设计的起点和基础。居住区环境景观设计就是在研究历史演变、发展规律上进行合理的改造。

2.4.5.6 多样性

多样性包括设计方法的多样性、设计理念的多样性和设计成果的多样性。在设计过程中应注重实地考察，可采用实测、摄影、绘画、摄像等手段；在居住区环境景观设计和建设中应顺应自然、发展特色、整体设计、长期完善。

2.5 当代城市住宅景观风格

住宅景观风格就是，将景观设计进行一定程度的整合，表现出自我特征，并且更好地区别于其他的设计。目前，随着各行业全球化的推进，大众的审美也有了很大的变化，独特、异域的住宅景观风格慢慢吸引国人，于是在中国各个城市中开始出现了具有多个国家特色的住宅景观，在一定程度上改善了过去住宅单一化的缺点，让城市住宅景观有了很大的提高。

任何一种风格的诞生都是伟大的，它既是对过去艺术的延续，又自成体系，保持其独立性，它需要经过艺术家和设计师的辛苦劳作，将创造和思考交融在一起。在设计中，通常把设计作品体现出来的最精细的差别称作风格（如“巴洛克”与“洛可可”），也有时把几个世纪的特点称作风格（如“文艺复兴风格”、“埃及风格”）。无论哪个时期的风格都有一个共同的特征，即有别于其他设计，具有自身特定的格调和气派。贡布里希曾说：“如果一个民族的全部创造物都服从于一个法则，我们就把这一法则叫做一种‘风格’。”[15]设计风格不单单是一种规则、做法，它是一个时代政治、经济和社会文化的反映，更是社会主流价值观的体现。如英国的维多利亚时期，政治、经济快速发展，尤其是中产阶级剧增，成功的财富积累，使他们急于在居住环境上标榜自己的成就，大量的古典元素在这个时期重新被运用和堆砌起来，以装饰为主、矫揉造作的“维多利亚风格”应运而生。

在全球化趋势的推进下，当代中国城市住宅景观风格受到西方强势文化的影响，实践内容不仅量大而且面广。在当代背景下，城市住宅景观风格是指居住区在整体上所呈现的并反映大众价值取向的独特风貌。它贯穿于自构思到设计再到施工的整个过程，体现在从建筑外立面到环境中的任何一个设施小品，成为大众对环境认可的主要线索。对其进行分类，大致可以分为以中国或当地特征为主的本土风格（如常说的新中式等）、以外来景观特征为主的移植风格（如欧式、东南亚式、西班牙式等）以及现代风格。

2.5.1 注重城市住宅景观风格的意义

在艺术设计中，不同的地方，建筑的风格也是不一样的，“风格”是可以被设计、流传、模仿的，因为人们觉得那是某些预期效果的最佳方式。就好像当代众多住宅景观风格聚集在城市中，这主要是为了满足我们的城市化发展的需要，满足大众多样的审美需求，满足开发商的利益追求等，所以，注重景观风格的研究具有重要意义。从建筑本身来说，风格可以增强整个住宅区的辨别性、知名度，甚至成为某地段的标志性构筑物。对于整个城市而言，城市住宅景观风格的凸显不仅可以美化城市，还可以增加城市的识别性，成为渲染城市性格的主要元素之一。合理、有效的借鉴，再设计住宅景观风格还可以保护、继承某城市的文化遗产，通过这样的方式使文化遗产转化为文化资源，既可以创造物质财富，又可以对城市的精神生活产生积极影响。对消费者来说，人们在对住有所居的基本功能要求满足以后，对住宅产品品质会有更深层次的要求。相关调查显示，景观风格也逐渐成为消费者购房时着重考虑的因素之一。从市场来看，优秀的风格能够给我们的楼盘带来巨大的竞争力，也可以让消费者更加青睐。

2.5.1.1 当代丰富的城市住宅景观风格

不管是西洋的，还是本土的城市住宅景观风格，目前在我国各个城市都有体现，其中也有很多的经典之作。从我国的房地产市场的表现来看，目前主流景观风格可以分为三类：本土风格、移植风格和现代风格。本书以河北省房地产市场中的主流城市住宅景观风格为例，借以分析城市住宅景观风格中存在的问题。

2.5.1.2 城市住宅景观风格设计的困境

现在，各种各样的风格集中于一个城市的现象现在非常普遍，但是，从城市建设现状看，多种风格的聚集对于城市的长远发展没有优势，很多城市逐渐陷入困境。如从整个城市规划来看，任何一种住宅景观风格在城市的任何一个区域都有可能出现，以至于某些地方出现了不恰当的风格，导致城市版图混乱。原有的胡同、四合院被欧式住宅建筑、大型现代商业覆盖，几十年甚至几百年的城市，就在短短几年里加速了城市化进程。再如，雷同楼盘颇多，风格体现好坏不一。一种风格成功推向市场后，其他楼盘也马上效仿，出现了一些只拿风格当作商业噱头的开发项目，但对风格并没有准确的理解和把握，只进行简单机械的处理，细节表现粗劣。又如，对于当地历史、自然特征的考虑欠缺，且不说各城市的移植风泛滥，甚至中国本土风格也在泛滥，缺乏考虑它们在不同城市的适用性。如在中国北方某一个城市，就有三个楼盘表达徽派建筑风格，北方的自然环境、历史人文，很难将徽派建筑的灵性体现得淋漓尽致。多样的城市住宅景观风格应是今后的主要发展方向，关键是需要有一个贯穿的链条，将所有的风格关联起来。

2.5.2 城市文化与城市住宅景观风格

城市是文化的载体，文化可以通过实体形式进行展示，将城市的历史发扬下去，这个过程是文化积淀的过程，文化是一个城市的象征，所以，城市自产生之初便与文化联姻。随着城市化进程中所呈现出的问题，城市文化的口号也应运而生，并渗透到我们生活的方方面面。吴良镛先生在《论城市文化》一文中将其定义为“……城市建筑文化环境的缔造以及文化事业设施的建设等”。城市住宅景观风格作为城市的面貌，虽仅仅属于实体形式城市文化中的一部分，但最直接体现其文化特征，体现居民的文化追求，见证城市的文化发展史。芒福德所说的“……规划建筑方面的每一种风格形式，所有这些，都可以在它拥挤的市中心区找到”，同样强化了风格是体现城市文化发展的轨迹。可见，文化作为城市发展的“线索”是城市自诞生之日起就具备的。但是，因为目前的全球文化的大融合、城市发展的盲目性，让我们慢慢忘记了城市文化的作用。城市住宅景观风格仍然是需要沿着城市文化这条主线发展的，这样才可以更适合当代城市建设。

2.5.3 城市住宅景观风格表达城市文化的方法

2.5.3.1 布局——合理规划丰富的住宅景观风格

“丰富的住宅景观风格”在全球文化趋同之下逐渐产生，尤其在我国的各城市中有很多趋同现象。实际上，我们并不用担心移植景观对本土文化的挤兑，需要通过积极的眼光看待它，不能只看到令人担忧的一面，而更应该看到如何为我所用的一面。如何从风格着手合理规划丰富的住宅景观才是关键。

在城市布局中，城市住宅景观风格是能够按照一定的区域进行分开把握的：第一，在旧城更新中，体现历史街区风貌。旧城更新是目前城市化进程中的热门话题，大量的历史街区因为城市化而被掩埋于所谓的现代景观之下，抹杀了多年来沉淀的城市文化和几代人的居住情景，我们“不能以牺牲城市的传统文化为代价换取城市经济一时繁荣”。因此设计师在进行旧城改造时，应以兼容并蓄的观念保留可以体现城市变迁史的那一段街区或一个院子。以河北省石家庄市的两个住宅楼盘为例，“北城国际”地处城北，所在地也是城中村（小沿村）改造的重点项目之一，小沿村中包含了北方典型的住宅建筑和院落，在改造中被东南亚风格替代，这样的风格虽然别具一格、高贵典雅，但昔日里大树下的嬉戏、纳凉却变成了历史。另一个是“青鸟·中山华府”，地处石家庄旧区的住宅项目，紧邻旧火车站，分布在老街——民生路两侧，项目在开发过程中恢复、重建了民生路上那一段见证石家庄城市发展的民国建筑，成为石家庄独一无二的文化景观。两个案例对于历史街区不一样的处理，表达了对城市文化不同的理解。

第二，通过对本地特色的挖掘，让整个城市文化蕴含新的建设。城市化带来了人口、产业、文化的聚集，为了容纳更多的内容，城市必定会向周边蔓延，形成新区，一方面可以加大城市建设，丰富城市内涵，吸引各行业投资，但从另一方面看，若新区建设没有得到良好的规划，则对城市风貌，甚至对社会、居民凝聚力都会造成压力。在进行新区建设的时候，表现城市文化是非常好的选择。

通常情况下新区并没有记录城市发展的点点滴滴，它或是多年的废墟，或是山地，也可能是耕地，这样的土地开发是可以自由发挥的，采用任何景观风格都不会对城市原有风貌进行破坏，而这正是目前新区建设的一个误区。社区依然要以挖掘城市文化作为根基，探索新时代的景观风格特征，以避免城市机械地拼凑各种风格。以河北石家庄为例，在众多人眼中石家庄作为城市发展也不过百年，与北京、西安等古都相比没有璀璨的建城史。其实也并非完全如此，如在石家庄地区还有一段中山国的历史，其出土文物“图案精美、构思巧妙、设计科学，具有鲜明的地域风格和科学性”，可采纳的内容、艺术符号很多，但城市建设中对此文化的运用还存在较大空白。若将其与现代的设计手法、形式、材料等相互渗透，将形成不可多得的新风格。因此，新区也要融合本地域文化特色，旧区需要保留历史文化底蕴，这才有助于城市的发展。

2.5.3.2 细节——体现城市住宅景观风格的相关设计元素

景观设计中更加看重的是细节，采用准确的设计元素是其中的关键。很多楼盘的概念图都非常恢弘大气，所宣称的风格也非常的独特，但在项目景观完成之后，发现和之前的设计大相径庭。当然原因很多，如资金问题、技术上的可行性、粗糙的施工效果，设计者对风格断章取义、机械抄袭，甚至对多种景观风格强制性拼贴等，这些都可能造成对风格的曲解，更无从谈起对城市文化的表达。如在某些住宅项目中景观风格吸取了欧式景观的精华——拱门、壁柱、修剪整齐的绿篱，再加上高贵的石材饰面，但其中偏偏点缀了中国园林的曲桥、八角亭，使景观风格的整体性、深入性都遭到破坏，缺少统领全局的主题。因此，要抓住城市文化的这个特征，用纯粹的景观风格进行设计，这样才可以更好地完善设计细节，并将合理的设计元素用在合理的位置上。

影响景观风格的元素很多，其中有地形、建筑外立面、植物、水、户外构筑物、景观小品，另外还有质感、材料、色彩、图案和光线，任何一种元素都需要依据风格精心处理。以植物为例，植物配置首先要符合气候特征，南北方、沿海内陆的物种必然会有不同之处，若一味追求风格而移植物种，不仅植物配置达不到应有的景观效果，还会给护理带来财力和人力的浪费。另外，在物种的选择和配置上，要和项目开发的风格特征相一致，让人能够感受到项目的特色。

城市文化内涵比较广泛，城市住宅景观风格不仅仅是为了表达城市文化。开发商或许只看重瞬间的利润，设计师或许没有在这里生活过，而广大的市民将要在这里安居乐业，所以无论选择或创新何种风格，表达本城市文化才是根本，我们的城市才有发展的方向，广大居民才会觉得故乡依旧亲切。不能一味跟随外来文化，将自己的城市变成外来文化的实践基地。

3 河北城市住宅景观风格的变迁及新趋势

3.1 河北省地域特征

3.1.1 自然环境特征

3.1.1.1 地理位置

河北大部分的地区均属华北平原，北部承德、张家口部分区域属于内蒙古高原，从古到今，都是京畿要地。河北地区在以前为直隶省、冀州，故简称为“冀”。河北省紧邻首都和北方最为重要的天津港口，西部则与太行山相接，东邻渤海湾。河北省具有悠久的历史，地形地貌复杂多样，因此省内又形成了多样化的地域特征。根据地理条件、历史文化，河北省也被分为冀北、冀东、冀中、冀南四部分。

3.1.1.2 地形地貌

河北省是一个中纬度的地区，为海洋和大陆的交接地带，地形地貌复杂。河北的地貌较多，其中包括高原、山地、盆地、丘陵、平原等，这之中最为重要的就是坝上高原、燕山和太行山脉、冀西北盆地、华北平原几类地貌单元。全省大的地貌在分布上井然有序，总体呈现西北高、东南低的地势，西北部主要分布着高原、山区和丘陵等，其中又夹杂着谷地和盆地，中部和东南部为广阔的华北平原。

冀北地区主要是张家口、承德一带，其中有坝上高原、冀北山地、冀西北山间盆地。高原分布在其西北部，属于内蒙古高原，俗称坝上高原；冀北山地是华北平原向内蒙古高原过渡的区域，主要由山地和山间盆地组合而成。

冀东地区指的是秦皇岛和唐山，其中主要是燕山山脉东段丘陵地区和山前平原地带，地势由北向南逐渐降低。燕山有丰富的水资源，是滦河、潮白河等多条水系的诞生地和汇流处，这里的地带性植被为落叶阔叶林。

冀中、冀南地区主要由绵延的太行山脉和华北平原组成。太行山大致呈南北走向，主要分布在河北地区西部，地形复杂多样。河北地区平原属于华北大平原的一部分，分布于河北中部以及东南部一带，海河流域贯穿全省，平原地势平坦。

3.1.1.3 气候特征

河北省位于我国的东部沿海，这个地区的气候总体上属温带季风气候，全年四季分明。在建筑气候分区中，河北大部分地区属于寒冷地区，冀北部分地区属于严寒地区，这对建筑及景观的影响都非常大。

3.1.2 植物特征

由于气候、土壤条件有一定的差异，各地独特的代表性树种不同，表现出一定区域的地域特征，隐喻一定区域的地域文化内涵，现已成为一个城市的象征之一。河北省地处暖温带-温带，自然生态环境复杂多样，生长的植被类型比较齐全。但是，因为气候特点、土壤条件的不同，导致各地植物种类的不一样。

3.1.3 人文特征

3.1.3.1 历史沿革

河北地区的历史较为悠久，而且文化底蕴丰厚，在不同的地方都有历史遗迹。河北历史文化的特色基本上以燕赵文化为基础，另外还有以古中山国文化为代表的“小文化板块”。

秦代，在秦始皇推行了新政之后，开始实施的是郡县制，其将秦国分为36个郡，后来又增加到40个，设置在河北地区的郡有8个，主要是渔阳、巨鹿、邯郸、广阳、中上谷等。汉代将国家划分为13个刺史部，即历史上统称的13州，河北省的北部隶属幽州刺史部，中南部则划归冀州刺史部，其他如张家口北部地区则是匈奴等少数民族活跃的地区。汉代之后，河北境内的幽州和冀州已经成为地方最高级别行政区域，并且一直延续到南北朝时期。唐朝初期，以主要的江山和河流分布将国家分为10道，当今河北省内主要是河北道，也有少部分隶属河东和关内两道。宋朝初期将全国分为15个路，当今河北省辖区内分河北东路、河北西路2个路作为行政区域。元朝时期，实施行省制，今河北的大部分地区归中央中书省直接管辖。明朝初年今河北大部为北直隶省，后永乐帝迁都北京，当今河北辖区绝大部分属于首都北京管辖。清朝则继续沿用明朝的行省制，河北省的行政区性质不变，仍是直隶省。民国成立之后，河北境内大部分地区仍然是直隶省，后又把河北地区分为察哈尔、热河、河北三省。1949年，中华人民共和国成立后，仍为河北省。

3.1.3.2 文化因素

虽然河北相对于其他地区似乎没有什么特点，但是河北是中华文明一个重要的发源地，经过千年的日积月累，同样形成了丰富而独特的地域文化。

河北的文化主要可以分为四个方面：

一是革命文化。在河北，我们可以看到很多的革命根据地，在这个地方有很多动人的革命故事。如西柏坡中共中央旧址、狼牙山五壮士、地道战遗址等都体现了河北在战争年代不可替代的历史作用。

二是燕赵文化。燕赵文化在河北有巨大的群众基础，主要是北燕国、南赵国和中间的古中国。“慷慨悲歌，好气任侠”是燕赵文化的主要特征，古代燕国是北方民族相互战争和融合的重要地区，“庄周梦蝶”、“邯郸学步”、“完璧归赵”都是赵文化的代表。

三是长城文化。长城是中华民族的精神象征，承载了悠久的历史文化。从春秋战国到明清时期，各个朝代都在河北建造过长城，河北是长城保留最多、保存最完好的省份之一。从“万里长城第一关”的山海关，到书写着“大好河山”的张家口大境门，河北的长城见证了草原文明和农耕文明的交相辉映，游牧民族和中原汉族的逐渐融合，关内和关外的战争与和平。各民族的分合共进，中华儿女抵御外敌、保家卫国的精神，是这个地方的印记。

四是明清文化。其中最为著名的就是直隶总督署、承德避暑山庄。河北在清朝为直隶省，而且从元朝建都北京开始就一直担负着护卫京都的使命。清代直隶总督府在保定，第二政治中心在承德，清朝皇家陵寝——东陵、西陵都在河北，可以说是一部清史写照。

3.1.3.3 民间艺术

河北的民间艺术历史非常悠久，历经了千年风雨的河北有着很多深远影响的文明。河北民间戏剧河北梆子、评剧深受大家喜爱；还有唐山的陶瓷、衡水内画、蔚县剪纸、藁城宫灯等手工艺术；包含了开天辟地的神话、英烈传奇和当代的新人新事的耿村故事；以及建筑数百年的石头名村，代代流传的面塑、绣花等，这些民间艺术都是河北的自豪。

3.1.4 河北地区建筑特点

河北省地方辽阔，历史悠久，在河北省境内因为地区、文化、历史等的不同，各地的民居也有了不一样的特色。冀东地区、冀北地区、冀中地区、冀南地区的居住建筑随着历史的变迁，与当地自然环境和文化结合之后，具有自己独特的特点。

3.1.4.1 选址和朝向

《管子》书中曾记载“非于大山之下，凡于广川之上。高毋近旱而水用足，下毋近水而沟防省，因天材、就地利”。由此我们知道，自古自然环境都是住宅选址必须考虑的一个因素，环境的优劣与居民生活质量的好坏有着直接的关系，因此传统住宅在选址时“依山就势，依水而建，因地制宜”是首要考虑的问题。在我国传统住宅设计理念中，十分重视地理环境还有水资源的问题，是居民建造优美舒适生活环境的一个良好典范。

依山势建造，利用地貌，这是我国民居优秀的历史传统。河北传统居住区在选址方面深受我国传统山水文化的影响，但是因为各地区气候和地形差异较大，又形成了各自独特的居住形式。

（1）依山就势，因地制宜。河北的地貌类型非常丰富，其中主要有山地、丘陵、平原，因为地理位置和当地自然条件的差异，聚落和居住建筑也不一样。河北省内的太行山脉和燕山山脉，群山峻岭，地势陡峭，这些地区的民居依据独特的地形，与周边的生态环境和自然风貌相呼应，形成了与其相适应的民居聚集区，还有其他风格的民居。

如邢台县西部太行山深处的英谈村，整个村落隐匿于山水之中，与周围环境相得益彰。村民在建造房屋时，顺应山地地形，错落有致，体现了太行山区典型的住宅形态与建筑风格。

（2）背山面水，讲究风水。在古代非常看重风水理论，古人选择居住地的时候，通常都会避免产生不利影响的自然要素，这样就慢慢地形成了一个独特的文化现象。可以说，风水就是正确处理人和自然之间的和谐关系，主要包含水资源、气候、地质条件等要素，使住宅能满足背山面水、坐北朝南、良好的日照条件等各方面的要求。如阳原县开阳堡，其地势中间较高并且平整，东西两边较低，南临土丘，面临流淌的沙河，犹如一只灵龟，故在当地有“灵龟探水”的风水说法。整个开阳堡布局整齐而方正，墙壁屹立，在历史的风雨中依然坚实如初。堡内布局与其他的南北中轴式布局截然不同，是几条街道形成“井”字形结构，即在东西、南北两个方位上设两条主要街道，将整个堡划分为九个部分，因此又被称为“九宫街”。

（3）古堡城墙，重视防御。此类民居大多数建在盆地看上去较为平坦的地方，以及平原地区，民居建筑受地形限制的因素较小，一般具有明确的边界，轮廓也较为方正，具有明显的中轴线，街道布局整洁。

3.1.4.2 建筑布局与结构

河北民居的基本特征就是院落形式，大多是南北方向有明确的轴线，主要房间布置在正中间，其余的偏房布置在东西两边，院落有一进或多进两种形式。然而由于受到自然地形和气候等多方面因素的影响，河北民居的建筑形式根据地域不同有很大的不同。

冀南民居因为有着特定地域环境、地形地貌，因此他们的生活方式、历史文化也是不一样的，具有鲜明的地区特色，其特点是平面类型多样、最大限度地利用地形。最具有代表性的要数位于邯郸武安市的“两甩袖”与邢台地区的“布袋院”，它们大多数至今保存比较完整，形成了冀南地区独特的建筑风格。

“两甩袖”民居的主要特征是：院落布局多为合院式，整体建筑依山就势。称其为“两甩袖”主要是因为正房两侧的房间会各突出一间或半间，但总体上与正房还是一个建筑，类似于两只袖子，平面布局类似“凹”字形，正房建筑坐北朝南，有明显的中轴线，左右呈对称形式，中间是上房，左右两边配有厢房，院落主次关系明确，四周用院墙与外界隔绝。院落有单进院与多进院，其中尤以多进院设计巧妙、气势宏伟。规模较大的宅院会由多进院落构成，呈现“口”、“日”或“目”字形。

邢台特色民居“布袋院”是按照“前店后住，前厅后楼”的形式进行建筑的。沿着临街商铺进行纵向建设，实际上还是合院，房屋主要分布在两侧，但是院落、房屋比较狭长，内部为生活用房，可以说是古代的“商住两用建筑院落”。

“布袋院”也是中轴对称的布局：院落中间是甬道，可以说是整个院落的中轴线，厢房对称地分布在中轴线两侧。大多数“布袋院”的入口不会正对中轴线，一般会偏离中轴线一侧，这样就不会感到院落太过通透，入口开到一侧私密性比较好，可以做到通而不透，这点在现代园林中也非常适用，符合中国人“内敛”的特点。与其他合院不同的是，“布袋院”的院落比较狭窄，一般根据“过厅屋”的数量来分一进院、二进院、多进院等，除了“过厅屋”，院落内还有倒座、正房和东西厢房等建筑结构。“布袋院”狭长的结构很好地解决了销售空间、储藏空间、主人居住空间、仆人生活空间、会客空间、休憩空间等多种功能需求，充分利用了土地空间，体现了功能主义的思想。

冀北民居和山西民居一样，因为气候干燥、地貌贫瘠，民居的院落规模通常都非常小，大多数是单进院。建筑普遍面宽较阔，进深较小，且较低矮，以一层为主。另外窑洞也是冀北地区非常重要的建筑形式，窑洞的院落组成形态既有单排的也有合院式。另外冀北地区与少数民族地区接壤，十分注重防御性，因此，他们的建筑，院墙通常来说都比较高。

冀东地区的民居和东北地区传统民居非常相似，有相同的特点，并融合了冀东自身地域特点。除了通常合院布局特点，冀东地区的建筑多为一层，为了保暖，墙体比较厚；同时院落空间尺度比较大，有利于采光。据《燕行录》中记载，辽宁、冀东一带的“家舍之制，勿论大小，皆以一字造成”。这种“一”字形一般称为横长方形住宅，其中最普遍的是面阔三间住宅，或者满族的五开间住宅。

冀东地区天气比较冷，为了可以更好地采光，房屋之间的距离通常比较大，而且房屋组合也较为松散。冀中民居属于北京院落式民居沿袭风格区，以合院为主要布局形态，可以说是北京四合院根据实际使用需要的“改版”。山区民居主要分布在太行山脉，典型特点是依山就势，完全与地形相结合，并且就地取材，直接用石头建造房屋，形成了独特的太行山区聚落空间。村内房屋依山就势，高低错落，院院相通，易出易进，形成了独具一格的古太行建筑风格——石头民居。这里的院落空间格局非常灵活，具有山区的特色，同时也产生了丰富的建筑格局。

3.1.4.3 建筑材料

河北省传统民居大部分是就地取材，他们的建筑材料基本上和当地的气候、地理位置有很大的联系，可以更好地形成独特的地域特色。其中山区民居多以石头砌筑，石头比较坚固而且实用，房屋可以在数百年的风雨中屹立不倒。冀南民居选择的建筑材料多为砖木，而冀北地区由于气候干燥，雨季较少，民居多采用黄土和秸秆为主要原料进行混合，建造独具冀北特色的泥坯房。

3.1.4.4 外观艺术

河北民居对于当地建筑材料有非常独特的运用，具有特别鲜明的艺术特色。冀南民居在装饰上特别注意突出重点，以大面积的灰砖为基底，重点装饰檐口、屋脊、门头、柱础等部位，以雕刻、彩绘为主，形式丰富，工艺讲究。利用当地砖制材料制作的砖雕，做工精细，基本采用地方民间传说和风俗传统等内容作为雕刻题材；冀北民居朴实凝重，虽较少装饰，但仍具有自身特色，注重对民居建筑的重要部件，如屋脊、门窗、挑檐、照壁等进行重点设计，并充分利用当地建筑材料的特点，形式多样，绝不重复；原石原木原色，给人朴素自然的感觉，将我国人民的朴素智慧与历史文化表现出来。

3.2 河北城市住宅景观风格的流变

现今河北各城市的住宅景观风格可谓是五花八门，层出不穷，欧式风格、现代风格、东南亚风格等汇聚同一个城市，有时难免有些纷乱。新中国成立之前还未统一，新中国成立之后，特别是改革开放之后城市住宅景观风格发生了翻天覆地的变化，目前的城市格局、景观风格是如何一步一步形成的？参考当代中国历史，以及河北省城市发展的历史，本书所研究论述的时间界限点为20世纪初年至今，以此作为河北省城市住宅景观风格论述的起点。

3.2.1 新中国成立之前

新中国成立之前的住宅环境形态最稳定、统一。在河北某些城市中出现了既有河北合院民居特点，又有浓郁的中西合璧的民国建筑风格。如石家庄民生路上的住宅院落米家大院、常家大院（图3－1），甚至整个街区的风格都较为统一，还有保定光园（图3－2）、邯郸王家大院等。

这个时期的主要特点是：首先，以合院的住宅形态为主流。一方面延续传统建筑、院落风格，以砖混结构为主，有正房耳房，大门正对有影壁，院中栽种有传统寓意的花木，石榴、枣树；另一方面，引进国外的建筑形式、装饰和先进的技术。如采用西方的柱式、山墙等。其次，色调采用中灰色，给人以厚重的质感，并与河北的自然环境相协调。另外，建筑装饰丰富多彩，有脊兽，有砖雕、石雕。题材广泛，有龙、凤、麒麟，有蝙蝠、喜鹊等动物，有葡萄、牡丹、桂花等植物花草。

图 3 - 1 石家庄民生路街景及墙面装饰

图 3 - 2 保定光园及墙面装饰

3.2.2 起步期（20 世纪 50 年代）

新中国成立初期，国内百废待兴，在完成社会主义改造之后，国家发展的重点是在重工业方面，政府的精力主要集中在社会政治经济秩序的稳定上，一切都还处于摸索时期，一方面学习苏联模式，一方面自力更生。在住宅规划和建设上也同样受到苏联模式和苏联风格的影响，以至于对住宅景观风格的把握并不成熟。新中国成立初期的中国建筑师，一方面受到西方建筑思想的影响，另一方面又有着对中国传统建筑的眷恋，虽然现代主义建筑思潮在 20 世纪五六十年代的西方颇为流行，但是在中国特有政治意识形态主导的社会中，现代主义建筑思潮受到了政治意识形态的压制，所以在建筑设计规划中提出了“社会主义内容，民族形式”的设计思路。基于这种思路，中国部分建筑师通过研究中国建筑历史和特点，寻找传统建筑与以苏联为代表的社会主义建筑风格的融合途径，出现了在采用苏联建筑形式的同时加上传统建筑元素的住宅模式。

这个时期的住宅区开始出现了仿苏风格，学习苏联周边式街坊的住宅规划形式（图3－3），即建筑沿周边进行围合，中间围合成院落，抵御寒风，并利于户外活动。此外建筑墙面多采用灰色或红色清水砖，屋顶为坡屋顶，并于其上设有排气孔。楼间空间的处理设置简单的水泥地面，随机进行乔木绿化（图3－4），在门窗或立面处理上添加中国元素（图3－5）。但是完全仿苏并不能满足本地居民的生活要求，如周边式街坊的布局形式没有照顾到中国家庭对沿街的噪声，东西走向住宅的日照、通风等干扰因素等方面的需求。在经济落后的年代，那个时候的居住条件只能维持基本的物质生活，追求精神的舒适已经是奢侈了。

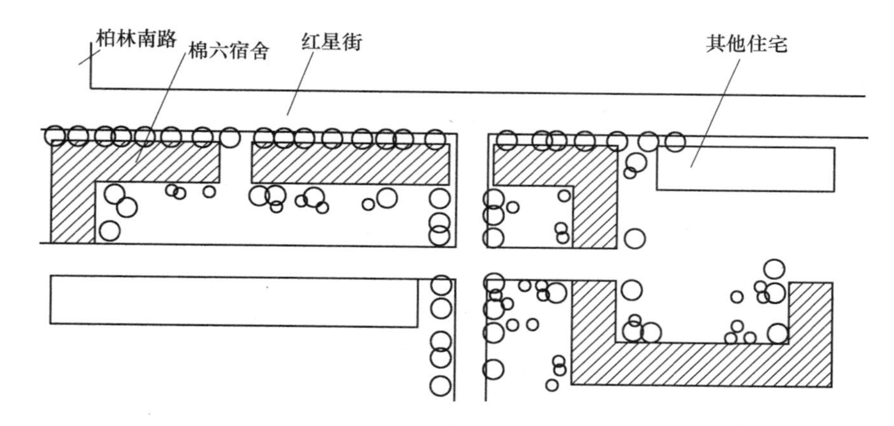

图3－3　棉六宿舍（自绘）

图3－4　棉六宿舍（自摄）

图 3－5 棉六宿舍中具有中国特色的门窗装饰（自摄）

综上所述，这个时期注重学习国外理论和经验，引进邻里单位、居住街坊等，尤其以苏俄风格为主，本地的建筑师结合自身所学的西方建筑思想和中国传统思想，在认真调查研究和实践的基础上，建造了一部分有特点的住宅建筑，对住宅建设设计与规划做出了非常有意义的探讨和实践，初步形成了中国自己的居住区规划思想、理论和方法体系。在全国范围内典型的代表有完成于 1957 年的幸福村，它摆脱了早期学苏对称轴线的布局形式，格局自由，从苏俄的纪念性风格解脱出来，室外活动等配套设施也较符合中国家庭的居住习惯，如图 3－6 所

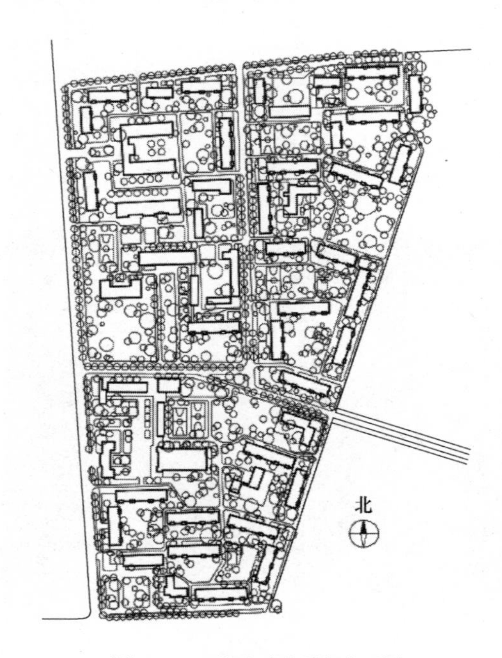

图 3－6 北京幸福村平面图

示。但由于“一五计划”时期国家的建设重点在工业，所以，在住宅建设上总体投资还是较少。

3.2.3 停滞期（20世纪60年代~70年代末期）

“一五计划”的提前完成，大大提升了中国百姓对社会主义的憧憬和信心。但是随着国际关系的变化，特别是中国和苏联关系的破裂，中国经济发展开始走向极端，“勒紧裤腰带”发展重工业，使得国民经济发展失衡，自然使得本来就处于次要位置、属于非生产性类的住宅建设进一步让位于工业建设。在住宅建设中，一方面“勒紧裤腰带”式的节约发展到了极端，在这个时期出现了一大批质量低劣、功能不齐全的住宅建筑；另一方面，“大跃进”运动导致我国新增城市42个，全国职工总数新增加2868万人，城镇人口平均每年增加1000多万人。城镇人口占总人口的比重从1957年的15.4%增加到1960年的19.7%。城市人口的激增，使得城市本来就紧张的住宅需求更为紧张。

“文革”期间，由于社会政治经济秩序被破坏，城市规划和房产建设体制也遭到严重破坏，甚至相关部门被撤销，如1960年11月第三次全国计划会议上提出“三年不搞城市规划”。1965年，号召展开设计革命——突破既有规范，从政治上支持不顾一切降低标准的做法。1966年3月21日至31日，中国建筑学会在延安举行了第四届代表大会及学术会议，认真交流了低标准住宅、宿舍设计的经验。1967年撤销国家房产管理局。1973年，国家建委颁发《对修订住宅、宿舍建筑标准的几项意见》，规定宿舍住宅以楼房为主，大中城市为4~5层等。但受到政治运动的影响，使得标准的贯彻也是良莠不齐。

此时，重工业依然是我国政府的发展重点，导致国内消费市场需求萎缩，城市扩张乏力。一方面我国人口自然增长基数大，另一方面工业项目的迅速发展，工厂工人的增多，带来城市人口继续增加，人口与土地问题凸显，使得城市不堪重负。人们居住水平依然比较低，据统计，“文革”期间，城市住宅设计中，人均居住面积基本在5平方米左右。面对这些情况，“勒紧裤腰带”式的节约原则成为住宅建设中的首要原则，减少对钢材等紧缺原材料的需求和降低住宅建筑的单位造价，盲目降低住宅建设标准，使得一批被称为“矮、小、窄、薄”的住宅涌现，给人们的生活带来了极大的不便。当时在住宅规划设计上，主要指导思想是通过简便易行的方式提供一定数量的简易住宅，快速解决城市居民的居住问题。这种粗放式的发展思路，体现在住宅设计方面，主要以住宅楼层低矮、单排行列为特点；在住宅规划中，利用中国传统的坐北朝南行列式，这种方式依据中国特有的气候条件，充分利用冬季和夏季日照强度的不同特点，这点对于人们在这种简陋的住宅条件中生活有一定的改善作用。

在河北省出现的筒子楼是这个时期的代表住宅模式，图3-7所示是太行机械厂宿舍，至今已有50年的历史。这种住宅模式是企事业单位住房分配制度紧张的产物。从规划上看，三四层的筒子楼一排一排紧密排列，楼间距也较小，造价低廉、浅基薄墙，墙身没有任何装饰，也不做立面粉刷，甚至建筑立面不做防水与隔热处理，住宅景观风格更是无从谈起，只能满足最基础的安全和生活要求。

图3－7　石家庄太行机械厂宿舍（自摄）

3.2.4　恢复期（20世纪70年代末期～90年代初期）

党的十一届三中全会后，随着国家对社会主要矛盾认识的变化，党和国家的工作重心逐步转移到经济建设上，人们逐步反思计划经济体制下产生的诸多问题，在住宅建设问题上，政府提出了住房改革政策，激发了理论界对住宅属性问题的讨论，深化了人们对住宅住房问题的认识，使人们认识到，住房是商品，住房商品化的改革最终应将住房的实物福利分配方式转变为货币工资分配方式。这个时期对住宅环境的探索主要有以下几个方面：

第一，对高层住宅的探索。随着人口与土地矛盾的激化，在部分城市出现高层建筑以解决城市土地紧缺的矛盾，在北京、上海、武汉等大城市开始出现多层或者小高层住宅，如于1975年开始设计建造的北京前三门高层住宅。当时出现的这类住宅，多数采用地面商业上面住宅的设计建设思路，一般采用外廊式、进深浅的模式。为了进一步提高住宅使用效率和密度，当时有人提出加大进深、南高北低的剖面设计、增加东西向长度的思路，以增加住宅的使用面积和居住人数。这对以后的城市住宅设计产生了一定的影响。

第二，改变单调的居住环境。改革开放以后，人们生活水平逐步提高，原有的单调住宅设计已经不能满足人们的需要了，与人们日益增长的物质文化需求相矛盾，各种居住环境的设计竞赛层出不穷。1978年，在全国范围内举办了住宅设计方案竞赛，大部分设计方案的主要特点是加大了住宅的进深设计，同时设计方案中还考虑了中国住宅的传统朝向因素、楼间间距、中国式烹饪因素、通风因素、日照因素、节约用地等。这些方案反映了中国的住宅不再简单地根据人的基本需求而设计，而是更多地考虑了人们生活质量和舒适度的提高，从一定程度上体现了以人为本的潜在理念。在 1984 年全国砖混住宅方案竞赛中，清华大学建筑学院展示了台阶式花园住宅系列。另外，在北京、天津等大城市中启动了城市住宅小区试点工程。提出了“造价不高水平高，标准不高质量高，面积不大功能全，占地不多环境美”的目标，在保护生态环境、宜人景观、组织空间等方面都取得了一定成绩。总之，在这个时期各界人士都开始关注户外环境，景观意识崭露头角。住宅景观开始注意住宅、组团、小区的多样化，注重空间绿地和集中绿地的布置。

在这个时期，河北城市住宅仍然延续排排屋的住宅规划形式，楼层不高，造型、色彩等外观相对单调，楼间空地绿地简单，多以大型乔木为主，娱乐等景观设计也多以粗糙的水泥材料为主，整体景观风格不够突出。

3.2.5 迅速发展期（20 世纪 90 年代）

随着改革开放的继续展开和我国城市化进程的加快，1984 年 5 月，全国六届人大会议决定：城市住宅建设，要进一步推行商品化试点，开展房地产经营业务。住宅商品化迈出了实质性步子。1987 年，在深圳经济特区，率先出让土地使用权，这标志着中国房地产市场和行业开始起步。1998 年住房改革之后，中国房地产彻底实现了货币化，房地产市场诞生了。住宅及环境景观设计逐渐多元化，这也是房地产走向竞争的必然结果。设计理念也随之丰富并理性，人本主义、生态理念在这个时期开始有所体现，对社会、文化等方面更加重视。居住区消费开始进入个性化、多层次阶段。

在住宅建筑及环境设计中高层住宅开始推广，出现了小高层、塔楼等具有现代技术的住宅。尤其到了 20 世纪 90 年代中后期，人们生活水平提高比较快，西方建筑思潮涌入，“洋房”成为家喻户晓的商品概念。住房市场越来越专业和理性，逐步从购房者需求出发对住宅建筑进行设计，对住宅小区进行规划，同时还引入了住宅环境的概念，把环境景观和住宅景观融合起来，较为注重住宅景观风格设计，开始出现欧陆风情的住宅小区，如希腊式、欧式、美式、地中海式等，罗马家园、荷兰印象、北欧风情、英格兰庄园、东南亚海岸，等等，可谓应有尽有，甚至有些鱼目混杂。

在河北城市住宅中，住宅逐步向高层化、个性化发展，建筑外立面的色彩和材质处理越来越丰富。高层在这个时期开始出现。楼间景观中包括喷泉、小型雕塑、简单的健身和休息设施等，楼间绿化有绿地、绿篱、乔木等多种类的综合性绿化（图 3－8～图 3－10）。

图 3－8　石家庄博士专家楼

图 3－9　楼间绿化（自摄）

图 3－10　石家庄联通东焦宿舍（自摄）

3.2.6　新时期（2000 年至今）

新时期里，综合国力增强，人们生活质量提高，城市居住环境的发展具有了居住需求、先进的科学技术、社会文化等有利条件。同时，“以人为本”、“人文景观”的理念更加深入人心。进入 21 世纪，国人对自己的传统文化整体出现了某种程度上的自信，人们不再盲目地“崇洋”，住宅建筑也开始从 20 世纪 90 年代的模仿形式逐步转向自主性的根据大众的不同心理需求进行设计和规划。从文化的回归本性，折射到住宅建筑和景观上，民众不再仅仅注重住宅建筑是个栖身之所，对住宅的心灵栖息和归属，对中国自身传统文化的反思和审视，形成了一股中西贯通而又独具中国特色的住宅建筑景观。文化的自信，使得人们的住宅建筑思想开始变化，同时伴随着房地产市场逐步走向理性（房地产开发商和购房者均不同程度上趋于理性），促使房地产开发商对住宅楼盘建筑的总体规划、户型设计、小区规划、景观布置越来越重视。

这个时期的河北城市住宅建设速度和质量可谓是突飞猛进。在规划上彻底打破了传统的行列式布局，高层建筑迅猛增加，格局更加自由，自由的格局不仅可以减少高层所带来的压迫和严肃感，还有利于楼间采光和通风。空中花园、立体绿化设计等在现代建筑设计中运用的更为普遍。景观的概念被大众认可和接受，楼间空间的处理更加考究，山亭水石、花草植物、道路桥梁等各设计要素的综合运用在住宅景观里得到了淋漓尽致的体现，住宅景观设计向精细化发展（图3－11）。20世纪末在全国范围内流行的异域风格在这个时期的河北各城市开始占领每个角落，势不可当，住宅景观风格成多元化发展。

图3－11 石家庄荣盛园（自摄）

4 河北城市住宅景观风格现状分析

4.1 河北城市住宅景观风格及其特点

河北城市住宅景观在十几年的发展过程中紧随北京、上海等大城市的步伐，景观风格包罗万象，不论是外来的还是本土的在各个城市都有体现。从河北省的住宅房地产市场的表现来看，可将主流景观风格分为三类：以西方、东南亚等特点为主的移植风格，现代风格，以中国或地域特点为主的本土风格。

4.1.1 移植风格

所谓移植风格就是外来风格。进入 21 世纪以来，移植风格可谓是占据河北城市的各个角落，自由的布局、气派的建筑、精致的景观小品、细心周到的物业管理，总是使其在销量排行榜上名列前茅。无疑，移植风格在河北城市住宅景观中占据着重要地位。从全国范围看移植风格种类繁多，有欧式风格（英伦风格、法式风格、西班牙风格、北欧风格、意大利风格）、美式风格、装饰艺术风格和东南亚风格（泰式风格、巴厘岛风格）。观察河北住宅市场，有些风格表现的并不多甚至没有，如意大利风格、美式风格、巴厘岛风格等。河北住宅市场中的移植风格有以下几个类别。

4.1.1.1 欧式风格

20 世纪 80 年代在深圳兴起了一股美化环境的热潮，为了达到良好景致的效果，住宅房地产开发商求助国外设计机构，设计出来的作品很多是纯粹的西方风格，建筑风格表现为到处是罗马柱和欧式雕塑，在植物的配植上讲究群植，花团锦簇，豪华气派[16]。2000 年前后欧式风格在中国的运用逐渐走向成熟。在河北各城市中，欧式风格渐多是在进入 21 世纪之后。运用较多的欧式风格有法式风格、英式风格、西班牙风格。欧式风格主要以粘贴古希腊、古罗马艺术符号为特征。反映在建筑外立面上，有古典三段式、坡屋顶、三角形山墙、柱式、拱门、通花栏杆、石膏线脚饰等，具有强烈的装饰效果。在色彩上多以暗粉红色、驼色、米黄色为主。在楼间景观中非常注重喷泉、欧式古典雕塑、修剪整齐的草坪绿篱、考究的花草聚落。在材料上多采用石材，体现欧式风格的浑厚、大气感。虽然欧式风格受到追捧，但欧式风格多以低密度别墅住宅为主，所以价位偏高，消费人群也受到一定限制，将消费人群定位于青年人的几乎没有。

在经历了大力建设高层住宅之后，近几年河北在城市较为偏远的地区也出现了别墅热潮。而且为了体现别墅的档次，大都采用欧式风格。如别墅群落有石家庄西山一号、原河名墅、弗莱明戈、美达西山御园（图4-1）等，多层及高层有国赫·红珊湾、美树湾（图4-2）等。

图4-1 石家庄美达西山御园

图4-2 石家庄美树湾

4.1.1.2 装饰艺术风格

装饰艺术风格（Art Deco）又称摩登风格（Moderne）诞生于20世纪20年代的欧洲，在接下来的二三十年里迅速传遍欧美乃至世界各地。装饰艺术风格采用的是现代主义（理性主义）审美形式，并从历史中寻找灵感。形成了线条简练挺拔，但又富有古典装饰元素的一种风格。如洛克菲勒中心大楼、克莱斯勒大厦、沃尔华斯大厦，目前中国住宅市场上的装饰艺术风格就是源于此。此风格的建筑外立面要比欧式风格简练的多，垂直的线条特别适合建筑挺拔的外形，外立面虽然也有古典装饰元素，但都是经过提炼的。在目前的装饰艺术风格的项目中，楼间景观也多源于前面提到的欧式风格景观。石家庄远见（图4-3）和青鸟·中山华府几乎同时紧跟装饰艺术风的浪潮，紧随其后的还有林荫大院。

图4-3 石家庄远见

4.1.1.3 东南亚风格

东南亚地区位于赤道，阳光灿烂、风景独特，覆盖着茂盛的热带森林，植物资源丰富多彩，旅游业发达，兴建了许多度假别墅、酒店，使得东南亚风格园林大量建造，并推向世界。东南亚风格的建筑外立面以及构筑物多采用多层屋顶、高耸塔尖。色彩主要以色彩浓郁的宗教色为主，如米黄色、棕色、金色、黑色等，并点缀小面积彩色。在楼间景观中注重水榭曲廊、亭台楼阁、古木奇石的和谐统一，喜好装饰瑞象金壁、孔雀、木雕、瓷器、珍珠、彩色玻璃等。植物以热带棕榈植物为主。材料上多用木、石、茅草。总之，东南亚风格以体现自然的景观状态为宗旨，但也存在一定弊端。由于风格特征过于鲜明，与周围环境的融合性受到一定限制；同时若想营造意味浓郁的东南亚风格需要大量的热带植物，对河北的温带气候是很大的挑战，并会给后期维护带来更高的费用。北城国际可以看作是东南亚风格在河北省境内的第一次尝试（图4－4、图4－5）。

图4－4　石家庄北城国际入口

图4－5　石家庄北城国际内院

移植风格登陆中国其实已经为时不短，并在学习探索中慢慢前进，促进了中国大陆的移植风格逐渐成熟。河北也在10年左右的时间内构建了移植风格在城市住宅景观中的格局，营造了具有异域风情的城市住宅特征。表4－1为河北城市中常见的建筑风格总结。

表4－1 河北城市住宅景观本土移植风格分类及特点

移植风格	风格特征	特点及消费群体	局限性
欧式风格	在建筑外立面上，结构形态和装饰具有欧式古典的味道；在色彩上多以暗粉红色、驼色、米黄色为主；在楼间景观中非常注重景观小品等；在材料上多采用石材	适宜建筑类别：低密度别墅或高端高层住宅； 价位：偏高； 适用人群：中高收入人群	容易造成城市景观雷同；因为价位普遍偏高，消费人群受到一定限制
装饰艺术风格	既有现代主义的简练，又有欧式古典的装饰	适宜建筑类别：高层； 价位：中、高； 适用人群：中高收入人群	容易造成雷同景观
东南亚风格	建筑外立面以及构筑物多采用多层屋顶、高耸塔尖。色彩以宗教色为主。在楼间景观中注重水榭曲廊、亭台楼阁、古木奇石的和谐统一，喜好装饰瑞象金壁、孔雀、木雕、瓷器、珍珠、彩色玻璃等。植物以热带植物为主。材料上多用木、石、茅草	适宜建筑类别：多层、高层； 价位：中； 适用人群：低中高收入人群	风格特征过于鲜明，与周围环境的融合性受到一定限制

4.1.2 现代风格

在新世纪之交，中国的景观行业开始了一个转型时期，经济的繁荣和环境意识的提高使景观行业得到了前所未有的发展，景观的内容和形式也发生巨大变化，出现了现代景观设计。住宅景观作为景观设计的一个分支当然也顺应着这巨大变化的潮流。其实现代景观设计风格也是移植风格的一种，但是由于其有自身的发展历程、典型的特点，自成体系，并且随着全球化的进程，现代设计风靡全球，在各个国家落地生根，所以在本书中单独论述。

在西方国家，19世纪末20世纪初发生了一场深刻的变革——现代运动[17]。现代运动波及范围非常广，随之而产生的新型景观被称为“现代景观”。受到多种思潮的冲击，现代景观进入了一个多元化的发展时期，如包豪斯主张的“少即多”的功能主义、后现代主义、解构主义、极简主义等。与其相应形成的风格可称为现代风格，时间延续至21世纪。现代风格最典型的特征就是相对于古典它们是抽象的。

柯布西耶（Le Corbusier）说，房子应当是居住的机器。这奠定了现代风格浓郁的功能主义的意味[18]。它的设计灵感来源于抽象艺术一些惊人的形状和图案。蒙德里安（Mondrian）等风格派运动的直线、几何形状影响了铺装和墙体设计。地形和种植的曲线形状受到摩尔（Moore）、米罗（Miro）等的影响，钢、玻璃等材料也越来越多运用在景观中。最典型的代表是密斯·凡·德·罗（Mies Van der Robe Pavilion）在巴塞罗那博览会上设计的德国馆。表 4－2 总结了现代风格一些特点。

表 4－2 现代风格住宅景观

风格名称	风格特征	特点及消费群体	局限性
现代风格	功能："房子是居住的机器"； 形式：直线、几何形状、曲线形状； 材料：钢、玻璃、混凝土	适宜建筑类别：别墅、多层、高层； 价位：高中低； 适用人群：广泛	设计效果容易用"简单"来代替，造成景观粗糙，言而无物的景观效果

典型的住宅项目有西美第五大道（图 4－6、图 4－7）和 70 后院。依据本课题组的观点，西美第五大道无论从建筑造型还是楼间几何形状的景观均比其他现代风格的住宅景观体现得更纯粹。

图 4－6 西美第五大道建筑

图 4－7 西美第五大道楼间景观

4.1.3 本土风格

"在文化领域里，我们如今也看到两个相互纠结的历史过程在同时推进：一是全球化的趋势。在这一过程中，全世界的经济和文化日益被嵌入越来越普遍的全球网络之中。二是本地化的趋势。它的极端表达形式就是相当数量的基于民族统一性、宗教统一性和其他同一性的"[19]。因为有了全球化我们的城市建设才有了今天的成就，使得多元文化汇聚在城市中；因为有了全球化，我们自己的文化才会与西方文化碰撞出激烈的火花；也正是因为有了全球化，才意识到本土文化的重要。在与移植风格、现代风格并驾齐驱的同时，在回归本土文化的过程中，开始出现了具有地域性特点的本土风格。依据目前的本土风格，住宅景观又可分为传统型本土风格、简约型本土风格、自然型本土风格和历史型本土风格。

4.1.3.1 传统型本土风格

传统型本土风格是指按中国传统建筑及造园特点构建的住宅景观风格。从目前住宅市场呈现的项目来看，主要以徽派民居、江南或岭南私家园林以及北方的合院民居为主。这种风格体现出纯粹的中国传统元素，并适当将其加以提炼，但基本保持原有风貌，让居民既可以欣赏江南园林的隽秀，或者又可以感受老四合院的质朴。传统型本土风格更贴近传统建筑、园林语言，让传统在现代空间里得以延续。此风格讲求中国传统园林的“崇尚自然，师法自然”，讲求叠山理水、花草树木等自然美景融为一体的巧妙，在造景手法上采用对景、障景、借景、漏景等，利用大小、高低、曲直、虚实等对比达到扩大空间的目的。但也存在一定的弊端，与部分现代人对住宅的功能和审美需求还存在一定的差异；在规划上，一般多用于小体量、低密度住宅（别墅区）的开发；低密度住宅价位普遍偏高，所以接受人群会受到一定限制。

省外的成功案例有成都芙蓉古城（图4－8），芙蓉古城是以川西民居为主，融入了江苏、云南等民居形式的别墅住宅区，其中有体现中国传统园林景观的亭台楼榭、小桥流水。再如北京观塘（图4－9），这是一个以北方民居特色为主的别墅住宅区，布局为街巷式，私密性院落依次排开，建筑主体以灰瓦为主色调、朱红为点缀色。

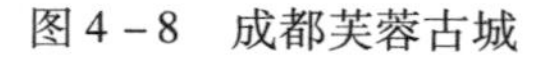

图4－8 成都芙蓉古城

图4－9 北京观塘

在河北城市住宅楼盘中传统型本土风格的尝试较少，目前有以高层呈现的石家庄公园首府（图4－10、图4－11）。公园首府建筑外立面汲取了徽派民居的精华，粉墙黛瓦、层层马头墙，楼间景观以中国传统造园手法为参考，俯瞰布局流畅自然，建筑、山石、植物有机结合在一起。但是由于密度较高，没有像别墅住宅那样将中国传统园林中的“虽由人做，宛自天开”的意境体现得淋漓尽致。

图 4－10 石家庄公园首府鸟瞰

图 4－11 石家庄公园首府局部

4.1.3.2 简约型本土风格

简约型本土风格指通过提炼中国传统建筑及园林特点，或者提炼中国传统的居住理念，并运用现代手法进行构建的住宅景观风格。简约型本土风格常被称为“新中式”，是中国传统居住文化在当代背景下的演绎，与传统型本土风格相比，它不是纯粹元素的运用，而是在对中国传统文化充分理解的基础上，以现代人的审美需求将现代元素和传统元素结合在一起的设计风格。简约型本土风格适用的建筑类型多，别墅、多层、高层均可，因为价位浮动大，并综合了传统和现代的审美情趣，所以适用人群也较广泛。但简约型本土风格和传统型本土风格有一个共同的弊端就是容易在全国城市范围内进行模仿，在不同城市出现相似的风格。

典型的代表项目有深圳万科第五园（图 4－12），这是一个具有中国私家园林特征的高档别墅区，其中提炼了很多中国园林、民居的布局形式和元素符号，如采用了对景的造景手法，但其中硬质景观的结构非常简约。再如马头墙在第五园中的应用。马头墙是熟知的徽派建筑元素，有檐砖青瓦、鹊尾座头，层层迭落，设计师在第五园中提炼了色彩、材质和层层迭落的形态，在处理“迭落”

图 4－12 深圳万科第五园

形态时提炼了最简洁的水平线条，简约但没有失去马头墙的特征。王受之先生在评价第五园时用了“细微之处见精神”[20]。其在高层中也有应用非常成功的案例，武汉融侨华府（图4－13）、北京禧福汇，都可见其简练的线条组成和中国韵味的体现。

图4－13 武汉融侨华府

在河北城市中还未有像第五园、融侨华府这样高水准的简约型本土风格，若有也都是介于传统与现代之间，或只是模仿一些代表中国传统文化的元素，有些不伦不类之感。不过有一些楼盘的景观设计理念却引人入胜——燕都紫庭，项目的景观设计用诗园、曲园、茶园三个庭院空间构成了紫庭的楼间景观，传达了中国亲情、关爱、包容、宽厚的庭院生活。

4.1.3.3 自然型本土风格

自然型本土风格是指以自身的地域特点——地理位置、地形地貌、气候、植物、水资源等为基础，吸取其他风格的长处，经过若干年发展，形成风格并不鲜明，但是布局自由、通透开敞，凸显现代园林与自然生态的完美结合，深受本地居民喜爱的自然型风格。一般造价不高，但是植物配置占有比重较大，住宅小区小气候怡人，不过缺少景观小品，风景相对单调。在河北城市中存在着大量的自然型本土风格住宅小区，如被评为花园社区的信通花园（图4－14）拥有14栋11层的住宅建筑，楼座排列相对自由，每个楼间距都在50米以上，无论是通风还是采光都非常充足，绿地面积大约占整个

图4－14 石家庄信通花园

小区的70%左右，每逢春意盎然之时，走进小区总有隐于市的感觉。在这里虽然没有欧洲的罗马柱，没有江南的小桥流水、六角亭，但亲切，家的意味浓厚。还有石家庄明珠花苑、碧溪尊苑、碧水青园等，也适用于多层洋房住宅，如花石匠。

4.1.3.4 历史型本土风格

历史型本土风格关键在于从本城市或项目位置的历史渊源出发，只属于某城市或某地块的风格，而不是抄袭江南园林式的中国传统。此风格需要挖掘城市或地区历史，对文化遗产或历史具有保护、延续文脉的作用，但是在城市化进程中一些不当的住宅区规划，使得城市的历史性难以体现。

在天津有一个非常成功的案例——万科水晶城（图4－15）。住宅区所建旧址为天津的一个玻璃厂，建成的水晶城中保留着原有的长长的铁轨、高高的钟楼、锈黄的装置艺术小品，再加上天津五大道风格的住宅建筑，让人一下子沉浸在王受之先生为其所著的《历史中构建未来》。此项目没有将原场所的内容全部拆除重建，铁轨、钟楼、部分装置艺术通过保留和改造原有场地内的构筑物或元素，既遵循了经济原则，又尊重了场所精神，延续了场所历史，维护了生态环境，成为项目推广的亮点。

图4－15 天津水晶城中保留下来的铁轨和钟楼

在河北城市住宅建设中也开始有住宅楼盘注意到体现城市的历史，如2010年开始动工的青鸟·中山华府，虽然住宅建筑采用的是装饰艺术风格，但是它所在地块坐落于现石家庄火车站的东侧，并横跨民生路，是石家庄城市发展的源头，是这个百年之城的原点——老城的中心，对于一个城市来说具有非凡的意义，汇集着这个城市的文脉，文脉的何去何从成为开发者首要考虑的问题。青鸟·中山华府项目便抓住了这一文化内涵，提出了独特的景观设计理念。该项目以民生路为创作起点，将其设计为一条体现石家庄历史的“文化长廊”，住宅楼群分列两侧。文化长廊采用了大量旧砖瓦，保持了民生路的旧建筑风貌，恢复了旧院落，重现了彼时的繁荣和生活情景，石家庄人走在里面定会感慨万千，还引来很多游人到此。近些年，在石家庄地区发现的中山国、东垣古城遗址又将其历史向前推进了2000多年，延伸了历史文脉，现在遗址周围有一些正在或即将开发的住宅项目，如在建的瀚唐便是汲取了东垣古城的历史文化，那个时期的人文、工艺美术特征等都可为项目建设提供特殊的文化符号。

本土风格是在与全球文化激烈碰撞，在城市化进程加快的背景下逐渐被提出的。表4－3总结了四种本土风格的分类、特征及局限性。

表4－3 河北城市住宅景观本土风格分类、特征及局限性

本土风格分类	风格特征	特点及消费群体	局限性
传统型本土风格	保留了纯正的中国传统造园元素和建筑构件	适宜建筑类别：小体量低密度别墅； 价位：偏高； 适用人群：高收入人群	容易在全国城市范围内进行模仿，在不同城市出现相似的风格
简约型本土风格	传统和现代造园手法紧密结合，也常被称为“新中式”风格	适宜建筑类别：别墅、多层、高层； 价位：高中低均可； 适用人群：广泛	
自然型本土风格	以自身的地域特点为基础，吸取其他风格的长处，形成一种风格并不鲜明，但深受本地人喜爱的住宅景观	适宜建筑类别：多层、高层； 价位：适中； 适用人群：中低收入人群	风格不明显，不宜拔高档次，突出本住宅景观的优越性
历史型本土风格	从本城市或项目位置的历史渊源出发，将其历史特点融入当代住宅景观设计中，展现只属于某城市或某地块的风格	适宜建筑类别：别墅、多层、高层； 价位：高中低均可； 适用人群：广泛	由于一些不当的城市化进程建设，使城市的历史性难以体现

4.2 河北城市住宅景观风格的分布状况

河北省拥有11个地级市：石家庄、唐山、邯郸、保定、沧州、邢台、廊坊、承德、张家口、衡水、秦皇岛。本书以省会城市石家庄、历史文化名城保定和沿海城市唐山为例，抽样调查了自2000年迄今建完的以及部分在建住宅楼盘，绘制城市住宅景观风格的分布图。抽样调查石家庄楼盘共216个：移植风格共计95个，现代风格13个，本土风格共计108个；抽样调查保定楼盘共90个：移植风格共计36个，现代风格7个，本土风格共计52个；抽样调研唐山楼盘共72个：移植风格共计37个，现代风格12个，本土风格共计23个。各城市中的不同的住宅景观风格分布状况如图4－16～图4－18所示。

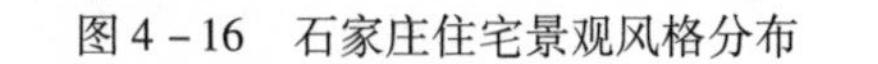
图 4-16 石家庄住宅景观风格分布

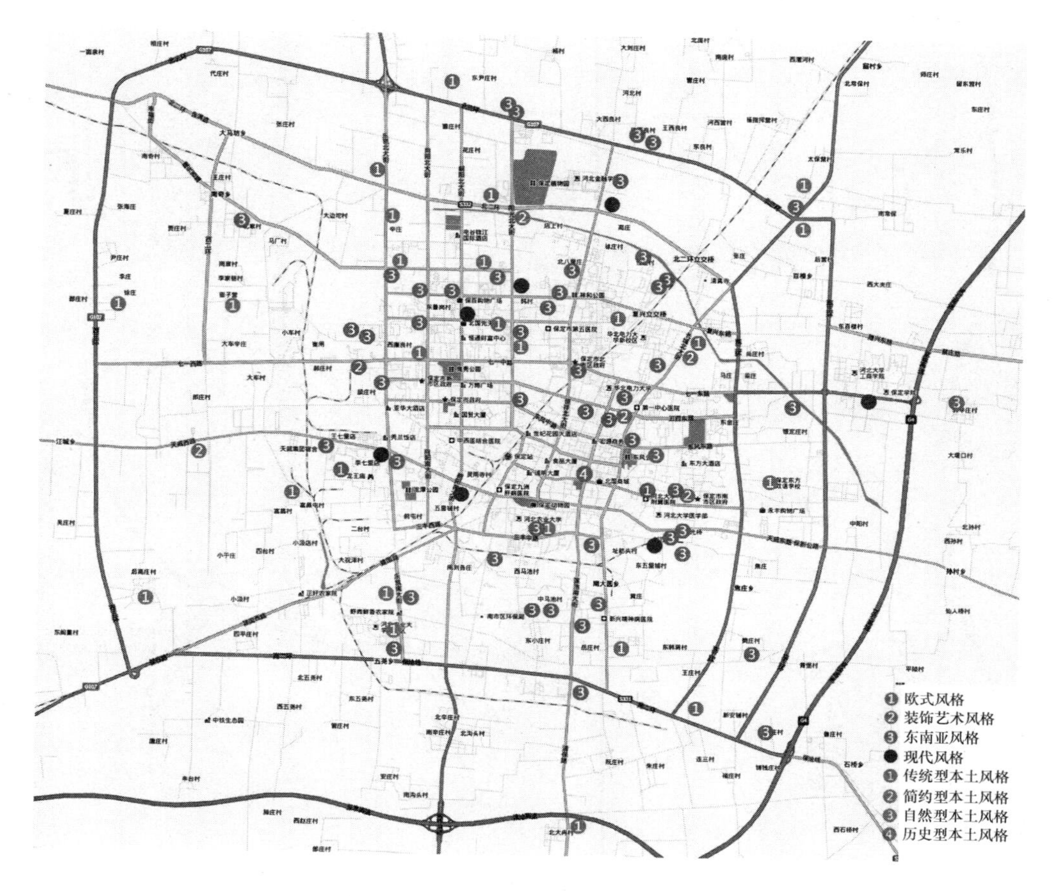

图 4－17　保定住宅景观风格分布

通过分析风格分布图、柱状图（图 4－19～图 4－21），以及课题组成员的实地考察，总结出以下现状：

第一，不容易与周围环境相协调的东南亚风格使用较少。最典型的代表是石家庄北城国际。

第二，在中国大陆已经有近 30 年历史的欧式风格，目前依然在移植风格中占主导地位。尤其在打造高端住宅时使用非常广泛，无论是高层还是别墅都可适用。如恒大近几年在石家庄建设的恒大城、恒大雅苑、恒大绿洲等，及西山一号、原河名墅等。

第三，在新建楼盘中装饰艺术风格开始处于上升趋势。因为装饰艺术风格比欧式风格更简约，强调垂直线条的挺拔，同时又融合了欧式古典的装饰，既简约又有分量感，尤其是在高层中的运用，可以达到很好的视觉效果。

第四，现代风格运用也较少。主要是由于这样的风格不易营造出亲切的居住

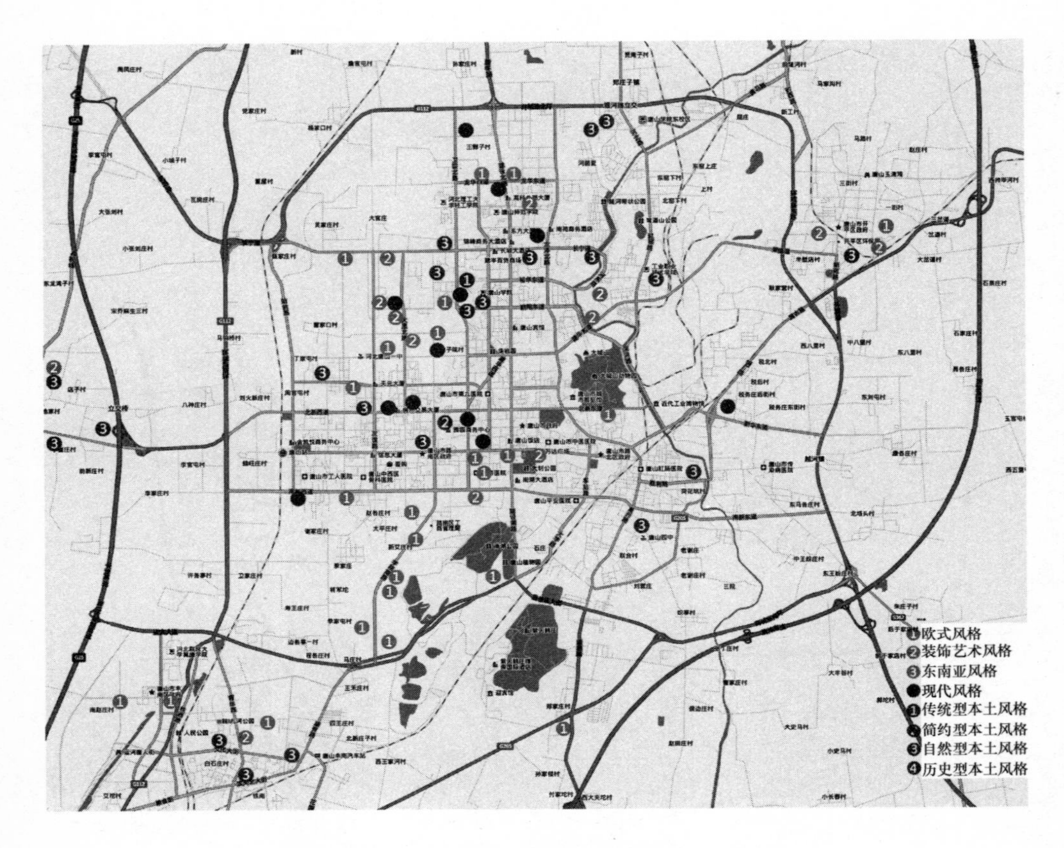

图 4 - 18 唐山住宅景观风格分布

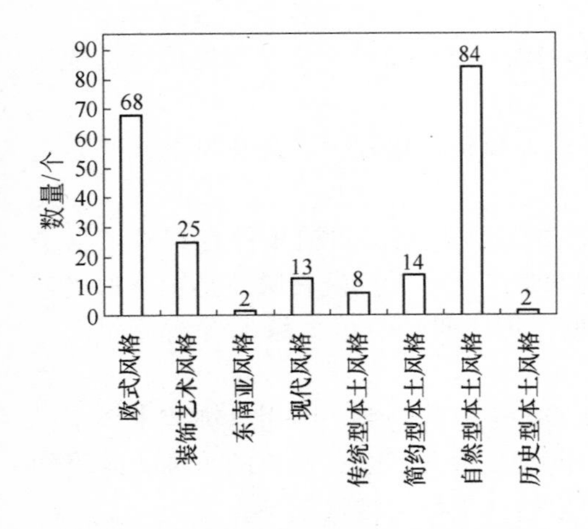

图 4 - 19 石家庄住宅景观风格柱状图

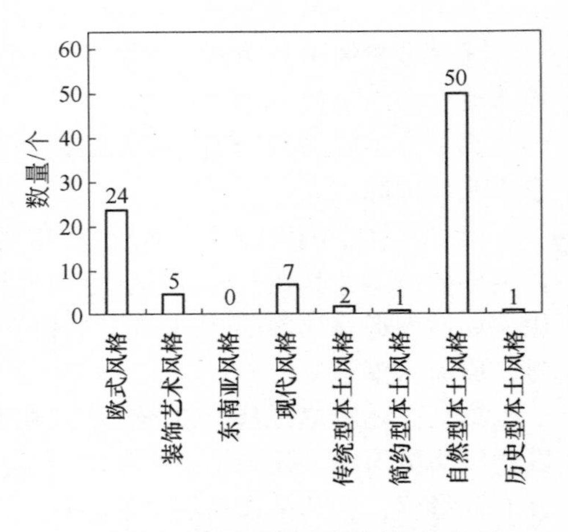

图 4 - 20 保定住宅景观风格柱状图

氛围，而且容易造成建筑与楼间环境的脱节。在走访的过程，有部分楼盘建筑非常富有现代风格的视觉效果，但是在处理楼间环境时又回归到了普通的审美效果。西美第五大道是表现现代风格时纯粹和统一的代表。

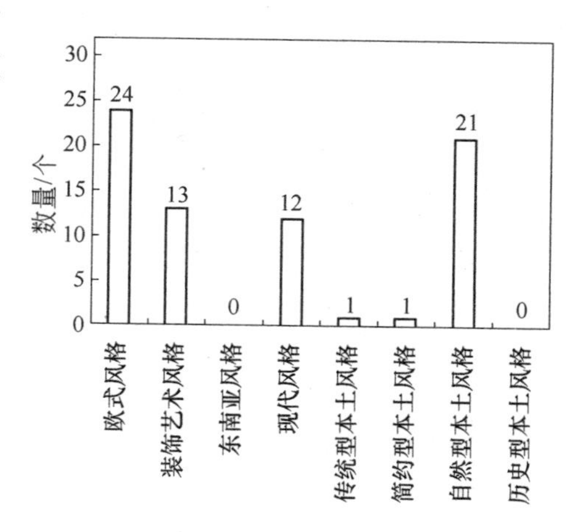

图4-21　唐山住宅景观风格柱状图

第五，本土风格在城市整体风格中的优势地位并不明显，居民最容易接受的自然型本土风格在城市中占有数量最大，但是欧式风格也不甘示弱。

第六，本土风格中所涉及的徽派仍呈上升趋势。

第七，能够体现本城独特风貌的历史型风格较少，但逐渐受到重视。

第八，从总体布局上看欧式风格和自然型本土风格分布最为分散，而且也是最多的两种风格。装饰艺术风格和现代风格在河北省的发展历程还较短，主要集中在新城区分布较多。传统型本土风格和简约型本土风格在各个城市出现都很少，分布分散。历史型本土风格分布在城市中有特点或可体现城市历史的地段。

4.3　河北城市住宅景观风格中存在的优势和主要问题

4.3.1　现有河北城市住宅景观风格的优势

从现有城市住宅景观风格可总结出以下几点优势：

第一，城市住宅景观设计日益受到重视，为城市建设向更和谐的方向发展奠定了基础。不论是开发商还是设计师，政府还是市民，住宅景观设计日益受到各界人士的重视。“景观”一词开始被更多的人提及和熟知，它成为设计、审批、选购住房不可缺少的一个方面。消费者不用走进售楼部便可感知各样的楼盘：纯法式别墅、英式庭院、东南亚风情、北美风格……全球各地的生活场景、风格一下子汇集到一个城市，因为开发者和设计师相信总有一款会吸引一批消费者。正如他们所期望的那样，消费者在选购住房时也已不再满足“居者有其屋”，而是不辞辛苦地看房、体验样板环境，除了对户型格外挑剔以外，更多会关注楼盘景观在将来生活中的方便程度、健康程度、安全程度等，如采光、通风、行车、嬉戏，甚至将它视为身份的象征。因此，20世纪90年代前的那些不追求绿化、水景、雕塑，只有水泥路面，造型单一、色彩黯淡、排列死板的小区已经不会再出现在新住宅项目中，取而代之的是风格多样、造型考究、布局灵活的新型社区。可见，住宅用地作为城市建设用地中所占比重最大的土地，其景观的风格、质量、舒适程度等关系到市民生活的切身利益，更是体现城市形象或者评价一个城市的重要砝码，不能不说如今的住宅景观已备受重视。“景观对居住者的生活方式、环境的生态循环、甚至城市形象都起着至关重要的作用，并成为房地产行业发展有力的支撑点之一”[21]。

第二，河北城市住宅景观风格多元化发展。河北的城市住宅建设紧随全球化的步伐，向北京、上海等大城市学习，并开始探索自己的发展路线，形成了多种风格竞相绽放的局面，在一定程度上丰富了河北城市的视觉风貌，使居住产品更新换代，突破了本地居民的传统居住方式。

第三，有一些本土风格住宅的尝试。住宅开发在经历了盲目临摹外来文化之后，业内人士开始对目前住宅及发展方向进行了更深入的探讨和大胆的尝试，力求寻找到一种方式可以让中国传统的居住文化与当前政治、经济背景、现代居民审美等达到平衡。21 世纪初，在我国一些具有文化底蕴或发达的城市出现了“中式”景观风格的实践，如北京的观塘、深圳第五园、广州云山诗意人家等，其中或是体现青砖瓦房、粉墙黛瓦，或是体现天井院落，非常注重传统形态的再现。以河北石家庄为例（表 4－4），自 2007 年盛典苏州落成之后已有越来越多的传统住宅项目推出，虽然 2007～2010 年之间出现了此类项目开发的断档，但到 2012 年又掀起新高潮。建筑类别多样，规模有大有小，开发形式灵活。除此之

表 4－4　河北省石家庄市部分本土风格住宅项目

序号	项目名称	位置	建筑类别	规模（栋）	年代	占地面积（m^2）	景观规划理念
1	盛典苏州	二－三环	高层	5	2007	26025	苏州园林和江南水乡文化
2	御汤墅	三环外	别墅	300（户）	2010	180300	中式院落住宅
3	公园首府	一－二环	高层	15	2010	78500	新中式格局的现代化住宅
4	青鸟·中山华府	一－二环	高层	29	2012	211439	融汇石家庄百年生活精髓
5	紫阁	一－二环	高层及多层	8	2012	44689	中国传统园林文化
6	品阁	二－三环	多层	3	2012	15333	新中式住宅
7	苏园	三环外	多层	14	2012	43331	苏州园林风情住宅
8	国粹	二－三环	高层	5	2012	15600	徽派建筑景观
9	竹境	二－三环	高层	5	2012	32025	打造中式文化住宅
10	瀚唐	二－三环	高层、多层、联排、合院别墅	53	2013	380000	中式哲学住区
11	新大院	一－二环	高层	5	2013	21344	中国式情感院落住宅
12	紫庭	二－三环	高层	9	2014	42000	新中式国风住宅

外，景观规划理念也很丰富，有借鉴江南文化的盛典苏州、公园首府、国粹等，有体现院落文化的新大院，有体现石家庄历史文化的瀚唐，还有体现石家庄本地近代生活文化的青鸟·中山华府。

4.3.2 现有河北城市住宅景观风格中存在的主要问题

4.3.2.1 从“多元”走向“趋同”的城市住宅景观风格

信息时代，各种快捷的传播渠道将信息迅速推广至全球各地，对于住宅景观来说，国际式、英式、法式、东南亚式等，各式风格总会有一批欣赏者和接纳者。同时由于各区域、城市存在着不同的历史文化背景，当地人的教育背景、生存环境等也都存在差异，致使在城市中出现了迎合各种审美需求的景观风格，不同风格的住宅产品空前融合，丰富了城市景观。这种趋势本是时代驱使，难以阻挡，但同时也出现另一个问题，当各城市都在提倡和接受多元化发展时，城市住宅景观风格就踏入了另一个不可扭转的道路，即“趋同性”。现有楼盘对国外的住宅景观样式不假思索的模仿，使得“同样的‘城市病’在不同的城市中蔓延”[22]，造成河北省各城市趋同性增强，城市性格模糊，让市民总觉得缺少点乡土乡情。“许多外国建筑师来中国之前都认为我国城市建筑肯定充满了东方美。但到许多城市一看……体现历史文化、地方文化和民族特色的建筑难以找到”[23]，颇为可惜。

“趋同”不仅体现在各城市对移植风格、现代风格的借鉴，也体现在本土风格的趋同。

从风格布局以及前文分析可以看出，当代住宅景观中开始有对中国元素的运用和探索，这是可喜的一面，但其中也存在一些问题。如现代住宅景观中的传统风格缺少地区性差异就是其中显著问题之一。中国传统住宅文化就像国际文化一样也是多样的，具有南北、东西的差异，即便是在中国传统园林中岭南园林和江南园林也有不同之处，在北方的合院住宅中东北、华北也有不同之处，正是这些当地居民的生活、起居习惯造成过去的建筑、园林中的地区性的差异，构成了整个城市浑厚而特殊的文化底蕴。若是否定了它们，传统风格在现代住宅景观中的发展也会走向趋同，各城市可能都会出现粉墙黛瓦、苏州园林的临本，就好像全国各地都在上演欧陆风一样。如表 4 - 4 中列出的河北石家庄市的住宅项目，12 个本土风格住宅项目中就有 6 个项目采用了徽派建筑的外立面，当有很多徽派建筑矗立于城市中时，同样会给人异地的感觉。徽派的民居形式是在特定的历史及环境背景下产生的，确实代表着中国民居的精髓。但从河北来看，其气候、历史文化都很难体现出徽派民居中蕴含的生活气息，可以说它在此地是无根的，既然没有根基就不易发展的枝繁叶茂，我们享用的景观只是外形，却缺少生机。

4.3.2.2 识别性弱，缺乏个性

城市住宅景观走向“趋同”，势必会造成住宅小区识别性弱，进而为城市面

貌的识别也带来困难。对形式相互套用模仿，对设计内容简单重复，将代表各种风格的符号填充、堆砌在住宅景观中，势必会造成千宅一面的现象，缺少个性的场所感。如图4－22从左到右依次为石家庄国粹、公园首府和深圳徽王府，从图片上无法识别出它们是在哪座城市的什么住宅。

图4－22 近似的徽派住宅景观

4.3.2.3 旧城区住宅遇到风格更新

从风格布局图中可以看出一个城市的旧城区很大部分都已经被新的住宅景观风格所替代，旧城区的面貌被逐渐吞噬。旧城区改造更新是城市化进程发展的必然趋势，无论在国内还是在国外，无论在大城市还是在中小城市都会经过这样一个过程，只是方法有别，效果有别。城市的旧城区确实存在很多问题：景观单一甚至杂乱；缺乏活动场地，缺少人文关怀；基础设计破旧，甚至存在安全隐患；植被、景观小品都已退化；整体破旧的景象难以与现代化的城市景象相匹配。大拆大建是目前河北各城市对待旧城区最常用的方法。“旧城区”虽然有千万不好，但它却用其独特的建筑景观语言记录了一座城市发展的历程。全部更新旧城区面貌，从何谈起城市的个性。如在巴黎新城建设与旧城遥遥相望，在旧城区中基本没有新型建筑，旧城内貌被保护的非常完好。并不是每座城市都能照抄巴黎的城市规划，在我们的旧城区住宅改造中需要注重景观风格在旧城改造中的作用，让风格延续旧城的历史。

4.3.2.4 缺乏本土意识

移植风格已经占据城市住宅的绝大部分。按照这样的趋势发展下去，地区差异会快速消失，并改变城市文脉的方向。因此应该在住宅建设中提倡本土风格。在采访调查中很多人都表示，希望在城市住宅楼盘建设中多一些本土特色，这样越来越国际化的城市的亮点才会更鲜明，更具有不可替代性。

4.3.2.5 住宅景观风格与周围环境不易协调

景观是一系列连续的空间形态，居住区占据城市大部分的空间，它的景观风格对城市景观的延续有着举足轻重的作用。但新建住宅区的景观风格较为分散，多呈点状分布，与周边环境、人文采用了截然不同的手法，对城市肌理、邻里环境考虑较少，导致住宅区很突兀，内外环境反差很大，社区被孤立。景观风格越鲜明，不协调的现象就越容易出现。如在一片平房中央立起数栋东南亚建筑，势必会引起出入小区时心理强烈的差别感。

4.3.2.6 住宅景观设计风格的细节处理不得当

处于快节奏的社会中，一切工作都在赶工期，包括住宅项目在内。一个住宅项目若是资金到位，往往在三年内便可交付使用。紧张的工期难免会造成景观设计细节处理的不得当，主要体现在：

第一，景观设计滞后于整体规划。很多开发商为了可以尽早开盘，在整体规划还未定夺时，就暂时将景观设计的内容草草安置在沙盘、宣传广告上，待建筑施工完毕，才发现以前的景观设计有很多不妥之处，不得不重新对其进行设计、施工。这样的效果由于缺乏整体规划性，很容易在建筑和环境景观风格之间产生断层。

第二，景观设计要素风格缺乏协调统一。现在很多住宅项目都采用了移植风格，但有时开发商又不忍放弃中国传统的造园理念和方法，所以在一个欧式风格的景观中又点缀了一些中国园林的曲桥、八角亭，出现了明显的风格差异，两种风格格格不入，使景观风格的整体性、深入性都遭到破坏，缺少统领全局的主题（图4-23、图4-24）。

图4-23 石家庄荣景园入口的欧式景观

图4-24 石家庄荣景园的中国式景观

第三，设计要素堆砌现象严重。设计者对风格断章取义、机械抄袭，甚至将多种景观风格强制性拼贴等，都造成了对风格的曲解，形成对符号的堆砌。

第四，施工工艺粗糙。由于资金、工期问题，在进行景观施工的时候往往会选择廉价、简易施工的材料，再加上施工人员的技术水平不娴熟，容易造成施工效果粗糙。

4.3.2.7 景观设施缺乏再设计

在现在居住小区景观设计中，景观设施可以说成了一个比较流行的配置，并以大众型为主，厂家进行批量生产，商家也是批量购买，只需划定景观设施所在空间和位置，即可作为该小区景观设施。随着人们对于景观设施的重视，单一、无趣、大众化的景观设施已经不能引起居民足够的兴趣，景观设施设计存在的问题也日益突出。不适宜的景观设施就像鸡肋，食之无味，弃之可惜。在景观设施设计中有许多重要的决定性因素，影响着景观设施在公共空间中的作用，并严重影响着居民的生活环境。

首先，功能性表达不足。景观设施的功能性本来是为了解决人的需求的，是以人为本的。在设计中不应只追求艺术形式，导致功能减少。它必须让人感觉舒适，提供最基本的使用功能。对河北衡水丽景华苑居民的调查发现，大多居民对景观设施的使用功能没有全面的了解，其功能不能得到较好的发挥。

景观设施的使用功能是非常重要的问题，不仅仅是建立在使用功能之上，同时也需要力求直接和合乎道理。特别是现代的景观设施风格涉及人们心理和生理的方方面面，为小区居民设计舒适、实用、精良的景观设施是设计者应达到的境界，应将设施设计的社会性放在第一位，而不是追求表面的形式，更多地着眼于设施的使用功能和内在价值。北欧国家及德国设计师会增加更多细致的景观设施，这给我们的设计做出了非常好的榜样。

其次，视觉美感的疲劳。景观设施视觉的美感可以让人感受到一定的艺术性。视觉的美感是我们居住区景观的一个必要条件，不给居民带来愉悦的设施即使有些视觉美感，长久也会产生疲劳，从而失去娱乐兴趣，造成景观设施使用率下降。在对丽景华苑小区居民的调查询问中，当问及景观设施的视觉美感时，普遍表示设施只是小区里存在的物件，知道的居民会去休息和娱乐，不知道的也就忽略了设施的存在，实际上，要说视觉美感，还不如小区的花花草草更来得直接。

现代审美有一个非常重要的特征，那就是视觉化。丹尼尔·贝尔在《资本主义文化矛盾》中曾经说道：“目前居‘统治’地位的是视觉观念、声音和图像。尤其是后者，组织了美学，统率了观众，在一个大众社会里，这几乎是不可避免的。”当代文明的发展，视觉的直接快感被凸显出来，如北京奥运会和上海世博会．都成为世界视觉形象的中心焦点，视觉美感慢慢得到了人们的认可。

4.4 兼容并蓄的新住宅景观

住宅景观日益受到重视。消费者在选购住房的时候，早就不再满足“居者有其屋”，他们在购房的时候，看房、体验样板房，不仅仅对户型格外挑剔，而且，也关注楼盘景观在将来生活中的方便程度、健康程度、安全程度等，如采光、通风、行车、嬉戏，甚至将它视为身份的象征。因此，20 世纪 90 年代前的那些不追求绿化、水景、雕塑，只有水泥路面，造型单一、色彩黯淡、排列死板的小区已经不会再出现于新住宅项目中，取而代之的是风格多样、造型考究、布局灵活的新型社区。由此可以知道，住宅用地作为城市建设用地中所占比重最大的土地，其景观风格更加关系到居民的利益，是城市形象的体现。

传统风格住宅项目渐多。在 21 世纪初，我国一些具有文化底蕴的城市开始出现了大量的“中式”景观风格。以河北石家庄为例，自 2007 年盛典苏州落成，之后越来越多的传统住宅项目推出，建筑类别多样，规模有大有小，开发形式灵活。除此之外，景观规划理念越来越丰富，有借鉴江南文化的盛典苏州、公园首府等，有体现院落文化的新大院，有体现石家庄历史文化的瀚唐，还有体现石家庄本地近代生活文化的青鸟·中山华府。从已呈现的景观来说，城市住宅景观未来的发展道路仍然非常漫长，特别值得探讨和实践，因此设计者要能够兼容并蓄，设计新的住宅景观。

4.4.1　新住宅景观的内涵

从艺术的角度来说，在新时代，设计者首先应综合考量，并了解当代人的生活，更好地解决遇到的新问题，从而达到设计的新的表达，营造符合本地人生活起居的景物，并集中体现城市文化，引领城市住宅发展方向。从建筑内涵中体现新住宅景观不仅是市民的生活空间，也是当地人们曾经的生活场景，并寄托市民美好未来的特别的住宅场所。其次，新住宅景观应站在新时代全球化的高度之上，并有本土文化做铺垫。最后，新住宅景观虽然提倡本土，但是，和日常中所指的中式不一样，这就需要避免不同的城市用同样的“中式”风格建立同样的传统景观。

4.4.2　走向新住宅景观对河北城市住宅建设的作用

新住宅景观可以更好地帮助文化城市的建设。这可以从城市文化的角度出发，“城市文化是人类进化到城市生活阶段的产物，是人类在城市中创造的物质财富和精神财富的总和”，城市文化经过点滴积累，传承下来，体现了地域性特征。所以城市文化是一个城市发展的源泉，是创建新型文化城市的基础。新住宅景观正是在新时代背景下提出的，它所提倡的兼容并蓄的设计理念、设计方法、设计元素，可以给我们的文化城市带来有利的一面。

新住宅景观是在尊重当地历史环境的情况下，通过一定的景观设计，更好地建设居住区、管理，从而能够让公众参与其中，提高居民的生活质量和舒适度。对于河北省城市而言，在旧城改造、城中村建设、扩大化开发中，曾经的民居、文化遗产遭到漠视，甚至被破坏，在经过不科学的城市代谢过程之后，我们应该向着探讨、实验、试行的方向发展，通过新住宅景观关注市民生活。新住宅景观有助于保护城市生态环境，达成人与自然的和谐。这种生态性是指，在尊重当地自然环境、文化环境和遵循经济原则的基础上，达到人与自然的协调发展，实现设计要素的合理配置，甚至是再生。如在天津万科的水晶城中保留的原有的长长的铁轨、高高的钟楼、锈黄的装置艺术小品，与天津五大道的住宅建筑风格相互融合，让人沉浸在王受之先生为其所著的《历史中构建未来》中。这个项目并不是把原场所的内容都拆除重建，而是将那些特有的铁轨、钟楼、部分装置艺术保留下来，并进行一定的改造，尊重了场所精神，同时也更好地维护了生态环境。

4.4.3 兼容并蓄的新住宅景观

（1）挖掘河北历史文化，尊重地区性文化差异。石家庄是一个非常年轻的城市，发展不过才百年的时间。1904 年正太铁路的动工给石家庄带来了更多的人口，铁轨成为城市发展的纽带，正所谓人们常说的“石家庄是火车拉出来的城市”。在石家庄老城的中心区形成了这个时期的住宅风格，并成为老一代石家庄人心中固有的城市风貌。如 2010 年筹建的青鸟 · 中山华府住宅项目就抓住了石家庄的这一文化内涵，提出了独特的景观设计理念。

（2）以本土为前提，融会贯通多元居住文化。目前，河北省的住宅建设借鉴了多元文化，并且融入了全球化进程。其中有很多优秀的案例。体现艺术装饰风格的聚和远见，充满法国贵族气质的西山一号，彰显国际主义风格的西美第五大道，英格兰风格的爱丁堡等，各个项目都为业主营造了一个特别而舒适的生活场景。与此同时，西方文化的侵入也造成对本土文化的侵蚀。世界反文化全球化运动的一个主要观点是：“文化的传播不应该是单向的，而是互动的，文化的全球化不是欧美文化的全球化，必须以保护本土文化生存和发展为前提。”因此，为了保证在兼容并蓄的基础上使本土居住文化有所发展和超越，一定要认识到河北省的发展前景和特点，这样才可以通过本土的地区性的文化建设，获得更为优秀的建设景观。

（3）鼓励新住宅景观的设计理念，并完成实践。对于消费者来说，他们在选购住房的时候，景观环境是非常大的影响因素，然而，因为景观总是后于建筑体现其面貌，消费者只能通过开发商的宣传广告了解未来的景观。开发商为了通过那些用软件制作的景观意向图来吸引顾客，往往要求设计师将场地景观做的美轮美奂，将一切可能或不可能的想法都融入其中，但当小区建设完工时很可能与当初的设计大相径庭，很多优秀和可能实施的理念并没有实现。这对于住宅景观的发展是很可惜的，导致城市中的住宅景观依旧停留在模仿、相似的阶段。概括原因有以下几个：第一，只注重景观最初的商业价值，而忽视了其在技术方面的可实施性。第二，没有充分考虑景观的预算，降低了最终实现的可能性。第三，没有认识到开发住宅产品时，从景观设计到实践连贯的重要性，因此，对于新住宅景观的发展，理念虽然重要，实践更为至关重要。

住宅景观的发展实际上已经到一个非常关键的时期了，舒适的居住环境、丰富的居住文化，对居住景观的追求，是人们对未来住宅的不懈追求，通过大融合走向新的住宅景观，是居民的愿望，是城市发展的体现，更是时代的必然。河北省住宅景观的发展也无疑会踏上这条时代的道路，用外来文化为城市住宅建设注入新鲜活力，用本土文化提供不竭动力，奠定浑厚底蕴。这条道路充满着艰苦、探索，还有新奇、惊喜，更需要我对每一寸土地都更加用心。

5 河北城市住宅景观风格现状激活城市文化

种种现状无一不在表明河北城市住宅景观风格处于发展的十字路口，是继续跟风，还是走自己的路，确定风格走向是抉择的关键。跟风，目前的现状还会继续下去；若要走自己的路，必定是艰难的，因为没有模版，但是走自己的路才有可能解决现状中出现的问题。那么怎样才能走出自己的特色，让朝夕相处的城市可持续发展，从城市文化出发是必然的选择。

城市文化是一个动态发展的概念，反映城市文化的历史，构成了一个城市的特质，今天，我们仍在不停地谱写城市文化。历史延续性决定了城市文化是一脉相承的，代表着城市特征。但我们目前专注城市快速发展时，却忽视了文化的重要。直到众多让人不快的现象出现时，才意识到原来有些东西不能丢，丢掉了就不是我们的城市了。“城之所以为城，就是它不仅仅是一堆建筑、一群人住的地方，而是这些建筑群体的布局、构建、形式都有自己的章法和道理，住在里面的人也有自己的住法和方式……也就是说一个城有自己的语言”[24]。在城市住宅风貌发展模糊的今天，城市文化应成为住宅景观塑造自己语言的源泉。

5.1 从城市文化出发塑造城市住宅景观风格的优势

5.1.1 促进城市建设

城市建设以城市规划为依据，并通过一定的建设工程、项目来建设城市生态系统内的各种物质设施，使城市运行达到能够提供满足社会政治经济文化需求的目的，以促进城市经济发展和保障人们正常的生活环境。城市建设的根本目的在于保障城市的正常运行和管理。在经济物资条件贫乏的时代，城市建设只能考虑满足城市运行的最基本需求，只有在经济发展和物资丰富的时代，城市建设才能更多地考虑审美、舒适、环境保护。经过半个世纪的发展，我国的城市已经不再仅仅以政治和军事为主要目的，而是以满足商业经济、人们生活需要为向导，而商业经济与人们生活中必不可少的一种建筑就是住宅建筑，房地产市场在各城市中占据了相当重要的位置，成为产业结构的一个重要组成部分。房地产市场中，住宅建筑占据房地产市场的主要部分。城市建设中，住宅建筑是必不可少的，在整个城市景观中，除了宽阔的道路、华丽的商业建筑物、历史建筑、文化建筑，住宅景观已经成为一道独具特色的风景线。住宅建筑及景观是整个城市生态环境中的一个重要环节越来越成为人们的共识，打造“宜居”、“宜家”城市已经成为许多城市建设的响亮口号。

在城市建设中，不但要建设城市形象，而且要建设城市良心，不但要打造光鲜的外表，还要装饰朴实厚重的内在。建设城市良心的内容很深外延很宽阔，其最为基本的要求就是满足人们安居乐业的需求，更多体现城市建设中的人本文化及人文关怀。其中“安居”的需求自然应体现在住宅建设中，也就是说住宅建设是城市建设的内在要求；如果我们的住宅建设比较好，自然会给城市建设“添光增彩”。城市与住宅相互映衬，烘托出各自的特点和风格，从而点亮整个城市生态环境。城市建设与住宅建设相辅相成，缺一不可。

由于我国城镇化进程较快，呈现跳跃式发展趋势，一方面导致目前各大城市旧区改造任务巨大，另一方面由于城市用地紧张，使得人们不得不将“安居”与“乐业”分开，即远住郊区而在城市中心工作。如果在改造旧区或者在主城区新建住宅时，从城市建设景观整体的角度来考量住宅建设，将住宅景观作为城市建设景观中的一分子，在城市规划中将住宅景观作为一个独具特色的部分，那么城市景观建设一定可以收到一举两得的效果。第一，通过住宅景观风格的规划和建设，统筹设计住宅景观中的标志性建筑物、绿地、人性化的交通，等等，从而避免城市建设中景观建设的重复，将风格纳入整个城市建设中，而不是沉迷于单个住宅聚落，甚至是住宅建筑单体；第二，通过城市高楼大厦中的住宅景观，将人们的“安居”与“乐业”融合到繁华的都市之中，不仅体现城市运行的人文精神，而且将城市与人融和在一起，展现给世人一种“人”与“城”的和谐。

5.1.2 有助于走向文化型城市

文化是特殊的，有文化的城市也必然是一个特殊的城市，无视文化而营造的住宅景观风格必然会给城市建设带来种种问题，只有融入文化的城市住宅景观才能散发无限吸引力。纵观中国历史建筑，由于南北地域气候和文化不同，形成了南北建筑风格迥异的局面，如南方住宅中的吊脚楼、青砖黛瓦、骑楼……北方的四合院、大宅门……坐北朝南的走向；但是随着工业化和城镇化，现代住宅建筑趋向南北一致的商品房，风格单调且无特色；反观目前欧美住宅建筑，这些国家虽然是工业化的先驱，但是在城镇化过程中并没有形成千城一面的格局，住宅建筑设计和建设反而愈发新颖和独具特色。由此可见，先进的工业化与发达的现代科技与文化本身并不相互冲突，可以相辅相成，并且能够相互促进与发展。独具特色的住宅景观可通过以下各方面助文化型城市以一臂之力。

首先，融入文化的城市住宅景观可坚守河北各城市风貌的特质。住宅建筑和住宅景观占据城市建筑及其景观的比例超过40%，随着城市建设的发展，旧城改造是必经之路，住宅改造是一项无法躲避的项目，可以在住宅改造中保持原有的住宅风格，适当重建一部分历史民居、街道和符合当地居民传统习俗的设施及景观，这既是对历史文化的传承和延续，也是对居民的人文关怀。

其次，融入文化的城市住宅景观可加强城市文化遗产保护，并提高其认知度。在一些城市的旧城改造过程中，不能“遗忘”对城市遗迹的重新发掘，如在石家庄旧城改造中，位于中山路原火车站附近的民国四合院、槐底村的土地庙，均是在改造过程中发掘并提出保护的，这些对于研究石家庄历史有着重要的意义。在城市建设中，将原有的散落在民居之中的城市文化遗产进行保护和传承，可体现出对当地居民生活的尊重，也是对历史的敬畏。如果在住宅景观中加入城市文化遗产元素，使历史文化与城镇居民日常生活融合在一起，则更能显现出城市文脉的传承与发展，是历史与现实的交融，是历史通过居民日常生活的薪火相传，这种传承与发展才是永恒的和可持续的。

最后，融入文化的城市住宅景观可形成城市从政治到经济，从自然到人文共处的生态环境。城市的生态系统由自然系统、经济系统和社会系统组成，住宅景观中涵盖着人与自然的和谐相处以及历史与现实的交融，是构成社会系统的一个重要因素。在建设生态城市的理念下，把生态系统概念引入到住宅景观建设中，无疑是将生态系统引入居民的日常生活，使人们生活在和谐的可持续发展的生态环境中，从而形成社会系统的自然良性循环，为创造城市生态环境提供有力保障。

5.1.3 从多方面利用文化价值

在市场经济中，强调文化的价值，尤其是文化遗产价值再生时，往往局限在教育、旅游、展览等有限的行业，如把有些文化遗产围起来，保护起来，教育他人，让人们来旅游参观，或者把物件拿出去告诉别人这是文化遗产。可事实上这种保护和宣传的范围很小，只能影响一些对文化早已感兴趣的人群，而大众的认识度还是很低。这种做法忽视了如何将地域性文化体现在城市建设中，忽略了通过城市住宅景观宣传文化。若将本城市文化遗产的特质体现在城市住宅景观建设中，那接触的人群就会大大增加，认知度也可以大大提升，无形中为文化价值添筹加码。

根据经济学原理，只有当一种物品具备了市场需求，才可能发生交换，从而产生价值。正是文化和人文精神的回归，我们的历史文化的传承才能继续。在住宅景观中，如果将城市自身的文化融入进去，使住宅景观一改千城一面的局面，从而形成各个城市独具个性的城市景观，则既能更好地满足市场需求，又能发扬城市特有的文化，从多方面利用文化价值。

5.1.4 增强居民归属感

近现代以来，中国大地上虽然发生了翻天覆地的变化，虽然农村在瓦解，虽然中国的家庭结构和家庭观念也正发生着悄然的变化，但是无法改变的是中国人对土地和家的眷恋之情，这种眷恋深深地烙印在中国人骨子里。虽然随着工业化和城镇化，土地性质的改变使得人们无法获得土地和住宅的永久所有权，但依然无法改变中国人购房置家的情结。中国人的家的概念，虽然由"土地—房产—家"形式转变为"住宅—商品房—家"结构形式，虽然所有权转变成使用权，但是中国人目前依然没有改变购房安家的观念，没有自己的住宅和房子，就等于没有一个属于自己的家。这点从中国狂热的房地产市场中可见一斑。

亚伯拉罕·马斯洛（Abraham Harold Maslow）的层次需求理论（Maslow's hierarchy of needs），将人的需求分为五个层次，各种需求按照层次阶梯式上升，其中最为基本的需求是生理需求，其次是安全感，再次是情感和归属的需求。就我国目前的经济发展水平而言，虽然已经解决了人们对于基本的温饱和居住的生理问题，但是随着生活质量和水平的提高，人们对于居住的需求开始发生多种多样的变化，几代同堂在一间十几平方米的住宅里，筒子楼式的建筑，没有任何景观的板房小区，已经不能满足人们的需求，人们在选择住宅时不仅会考虑基本的户型、小区的位置，还会考虑小区的生态环境和人文环境，人们开始怀念农村式的邻里关系，这体现了人们对于住宅及居住环境的安全、情感、归属需求。

人们一般对于熟悉的、习惯的环境会产生一种潜意识的安全和归属感，如果城市住宅建设依然是东拼西凑的建筑风格和样式，那么那些习惯的、熟悉的建筑和环境系统就会离人们越来越远，使得习惯的色调、生活习惯、行为方式偏离原有的形式和内容，从而使得人们对这座城市越来越陌生，进而产生不安、焦虑的感觉，这样的城市住宅不再能够满足人们对于安全和归属感的内在渴求。

相反，如果在规划和设计的时候，本着人文精神，按照城市原有的生活方式、传统习惯，或者在现代形式中镶嵌上传统的、习俗化的、熟悉的符号和元素进行规划和设计，在住宅景观建设中体现出人们所熟悉的、习惯的、传统特色的元素，就会在无形中给予人们一种心灵上的安慰，使人们有了心灵上的归属。住宅景观与居住的归属感作用模式如图 5－1 所示。

城市文化是城市建设形象折射出来的人文精神，是一种审美和感受。而城市形象中，住宅景观作为一个重要的组成部分，与人们的日常生活息息相关。伴随着中国传统文化的回归以及国人对民族文化的自信，人们对住宅建筑的风格、景观的需求发生了重大的转变，人们不再一味崇洋，开始探寻符合自己心灵归属的

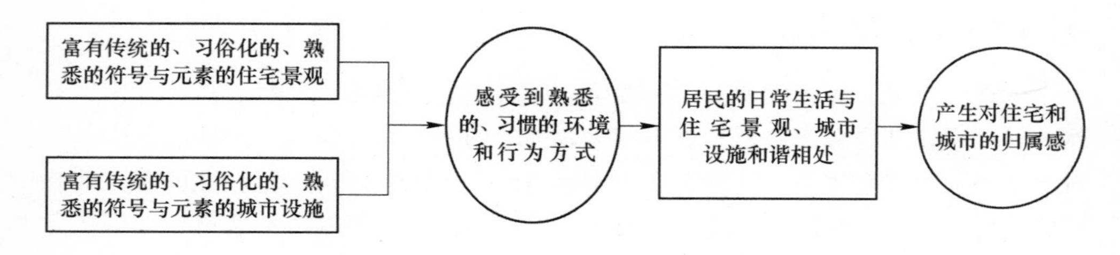

图 5－1 住宅景观风格与归属感的作用模式

风格和色调。在住宅景观设计中寻求中国元素或者符号，成为人们对住宅景观的一种潜在需求甚至是渴望。人们不但需要世界的，更需要自己民族的东西，以满足生存的归属感。正如亚里士多德关于城市的古老名言，“人们为了生存聚集于城市，为了美好的生活而留居城市”[25]。人们只有对于自己现有的住宅和城市有了归属感，才会选择继续生活和工作在这座城市里，为这个城市的建设贡献自己的力量。

可见，从城市文化出发塑造城市住宅景观风格会创造不可复制的城市景观价值。千城一面已经是很多城市面临的问题，它让一个城市失去曾经的面貌、性格，模糊了未来的发展方向，除了地理位置和人口的差别，充斥视觉的“复制品”，类似的理念、类似的造型、类似的色彩、类似的布局……使人厌倦，由个性对于一个人的重要性，可知个性对于一个城市也同样重要。一切外在的景观都可以复制，但复制的仅仅是躯壳，内在的个性——城市的历史、文化——却是不可复制的，就好像在本地看到再纯正的法式住宅，也不如身临巴黎所体会到的，这就是城市的个性所在。

5.2 城市文化与城市住宅景观风格形成互动性体系

“城市文化正在成为城市经营的核心内容之一，将文化建设与城市经营结合，能够形成独具特色的城市经营模式”[26]。因此，从城市文化出发塑造城市住宅景观可以使每一个城市的住宅景观风格自成体系，成为城市文化外在的独具特色的物象表现，在与移植风格兼容并蓄的基础上继续前进。同时，在城市文化作用下形成的独具特色的住宅景观风格，让城市特质越来越突出，可以让城市形象越来越鲜明，进而形成区别于其他城市的城市文化。如此互相影响，城市文化和住宅景观风格之间就会形成一个互动的循环体系，如图 5－2 所示。

5.2.1 城市住宅景观风格是城市文化的外在表现

从城市的形成、发展历史来看，自然气候、地理环境和人们的生活习惯是城市建筑风格的主要影响因素，随着现代科技和现代文明的迅速发展，高新技术所

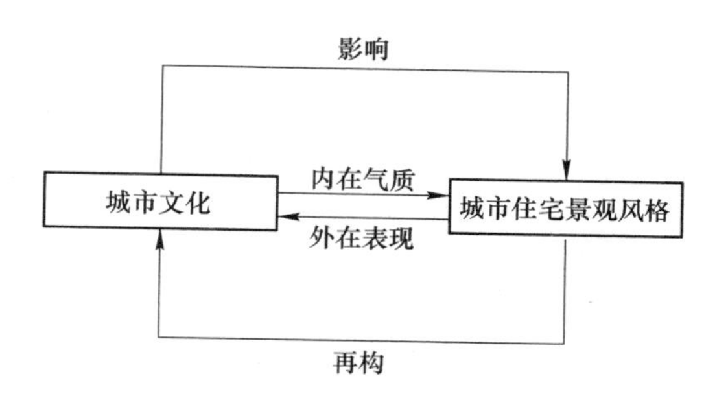

图5-2 城市文化与住宅景观风格的互动循环体系

代表的国际主义建筑所向披靡。在相当一段时间里，人类自诩征服了自然，自然气候、地理环境不再成为城市建筑建设的主要制约因素。然而随着环保、气候变化等自然环境意识的提高以及人文精神的回归，人与自然的和谐相处成为人类共识，在城市建设中，环境因素再次凸显。在这样的大环境中，住宅建筑在规划、设计上自然也开始向着这方面发展，将人类的住宅功能需求和自然气候、地理环境、人们的生活习惯、习俗等因素结合起来，达到人与自然的和谐相处及可持续发展的目的。在住宅建筑的规划和设计中，考虑自然、地理、习俗等因素，是对城市文化的一种表达和诠释，通过住宅建筑景观，可以形成别具一格的城市建筑风格，从而体现出独具特色的城市文化。

从自然商品经济发展的过程来看，城市随着商品经济的发展而形成，城市的前身是商品交易的场所，随着商品交换规模的扩大和模式的发展更新，使得商品交易场所逐渐成为经济、人口的聚集之地，城市也就应运而生，所以城市的形成必然凝聚了人类的智慧和文化，如城市的规划、建筑物、街道、排水等都必须符合人类生存的自然需求和环境需求，即城市中的各种外在的物质形式必然体现着这个城市的文化和历史底蕴。

5.2.1.1 城市住宅景观风格体现传统文化

城市住宅景观作为城市建筑中不可或缺的一个要素，住宅景观风格的建设对于城市文化的表达有其自有的规律和特征。

首先，在住宅景观规划中体现传统文化，如在规划住宅景观时利用本地的自然条件，或者在整体规划中复原原有的河流、湖泊、绿化山坡，重现对自然的敬畏和保护，展现住宅文化中风水文化的精华，重拾生态平衡的生存条件。在城市平面规划中，可通过住宅景观的规划，再现原有的街道景观艺术，引入传统习俗中的特色饮食，满足人们日常生活多种多样的需求，使人们生活在传统与现代文化交融的地方。

其次，在住宅景观的设计中加入传统文化。住宅景观是人们日常生活中天天需要面对的，人们需要的不是一时的新鲜而是永久的回味和想念。如在旧城改造时，如何在高楼大厦之中安插传统的元素或者因子。

5.2.1.2 城市住宅景观风格体现地域文化

地域文化分为广义的和狭义的，广义上就世界范围而言，五大洲都有着各自的地域文化，各地的住宅景观各具特色，如欧美的地中海风格、哥特式风格、罗马式风格等；这些地区的住宅景观风格曾经一度形成一种“欧洲中心主义”的设计风格思潮，随着全球化的脚步冲击世界的各个角落，冲击人们传统的住宅理念、习惯，使得人们对于能够体现地域自身文化特色的住宅景观风格进行反思，使得各地区对于自身民族文化的保护越来越重视，住宅景观风格建设成为展示地域文化的一条见微知著的路径。

从狭义上来说，纵观中国城市的住宅景观，在江南、湖南、云南、贵州、西藏、新疆等区域，住宅景观风格较为独特，其中一个重要的原因在于这些地区少数民族聚居，历史传统和风土人情以及艺术风格保留较为完好，受到的外来风格冲击较少，因而形成了独具地域文化特殊的住宅景观，使得这些住宅景观在一定程度保留了地域文化的烙印，同时也从一个角度向世人展示和诉说着自己的地域文化、历史。

地域文化具有浓厚的文化生态性，包括地域的自然环境、人口、民族、语言、信仰、建筑等，住宅景观虽然是其中非常细微的一个因素，但是却直接关系到人们日常生活中的习俗、信仰、语言、民族等方方面面。我们可以通过旅游经济看出我国地域文化生态中的欠缺。我国的旅游景点通常是相互隔离的景点，从一个景点到另外一个景点需要穿越一座城市甚至一个区域，我国的旅游景点往往远离城市而地处偏僻，这表明我们的整个地域文化的生态出现漏洞，使得我们的地域文化在历史上出现断层，在空间上缺乏联系。我们应该通过住宅景观的规划和设计、街道艺术的再现，通过人们的日常生活将相互在空间和时间上隔离的景点沟通起来，在旅游中生活，在生活中旅游，通过住宅景观反映地域文化的生态效应，展示地域文化。

5.2.1.3 城市住宅景观风格体现多样性文化

现代化、城市化和全球化浪潮，使得世界各地的发展逐步融为一体，资本主义在潜移默化中冲击着世界各地的文化，挑战着各个角落当地的伦理观念和风俗习惯。正是在这种情势下，各国有识之士提出了民族主义的思路，全球一体化与民族主义和谐发展成为当代环境下的一种共识。在各地的城市建设中，将传统因素和现代元素相结合成为一种必然趋势，每个国家、每个地区都形成了一定的特色的建筑风格。城市住宅景观风格体现了不同地域文化风格、体现了地域文化的多样性，住宅景观风格应该是多种多样、丰富多彩的，住宅景观风格的多样性应折射出自然及文化的多样性。

不同的住宅景观风格，体现了城市文化的包容性和多样性，是形成城市文化、地域文化生态圈的重要组成部分。

5.2.2 城市文化是住宅景观风格的内在气质

“气质”指相对稳定的个性特点。城市文化构成住宅景观风格的内在气质，换句话说，城市住宅景观若是拥有了文化就会形成一种赋有稳定个性的风格。所以，城市住宅景观风格的内在气质体现在风格的稳定性和差异性。而稳定性和差异性的形成都是源于城市文化，它具有一种无形的约束力，若顺应它城市建设就越发有朝气，反之则会盲目。

5.2.2.1 具有稳定性的气质

城市文化是一脉相承的文化，是长远的而不是暂时的，是内在的而不是表面的，尊重城市文化的住宅景观风格也应是一脉相承的，具有一定的稳定性。在进行住宅景观建设时不应因为强势文化的入侵而盲目跟风，而应在冷静的思考之后，再做抉择。“稳定性”的作用是不把城市搞成东拼西凑的样子，让各种风格在城市的各个角落都随处可见，打乱城市发展脉络。如前文进行的河北三个代表城市的调查，欧式风格、装饰艺术风格甚至比我们本土的风格分布还要广泛，又怎么能够从中寻找出个性呢？

稳定的气质让城市风貌处于统一的状态。如意大利佛罗伦萨的旧城区全部被橘红色房顶所覆盖（图5-3），所有的建筑风格都与13世纪的佛罗伦萨大教堂和谐共生。再如东京对延续城市文脉的做法是世界上独一无二的。东京定期或不定期将有价值的传统建筑拆除，并重新翻建，翻建的办法是先建后拆，这是东京几百年来从未打破的定例，在特殊地段形成了相对稳定的风格，人们会通过这些东西体验国家政策带给他们的快乐。我们肯定无法从那些罗马柱中体验燕赵文化带给我们的民族自豪感。

图5-3 意大利佛罗伦萨老城区

5.2.2.2 具有差异性的气质

气质的差异性让我们区分城市。提起埃及，想到的是那些谜一样的金字塔、法老、庄园。提起巴黎，想到宫廷、修剪整齐的树木、放射性的道路，还有巴黎人的浪漫。提起美国，想到一座座摩天大楼，自由女神像代表的美国精神。提起北京，想到故宫、园林。提起西安，想到凝固历史的钟楼，想到厚重的唐韵十足的建筑。提起保定，提起石家庄，我们可能会想到一个历史并不长的城市。其实不管哪一座城，自诞生之初便与文化形影不离，区别于其他城市，而无历史长短之分。文化的差异形成了住宅风格的差异。可以比较一下佛罗伦萨、迪拜（图5－4）、仰光（图5－5）、北京（图5－6）、石家庄住宅区（图5－7）所形成的不同的城市肌理。虽然石家庄一些老居住区看起来破旧，但毕竟具有工业化快速发展时期排排屋的特点。

图5－4 迪拜住宅区（自摄）

图5－5 缅甸仰光住宅区

图5－6 吴良镛改造的北京四合院

图5－7 石家庄住宅区

可见，只要我们遵循城市文化的轨迹，就会在城市住宅景观风格中形成稳定而有个性的气质。

6 从城市文化角度构建河北城市住宅景观风格

6.1 用河北城市文化构建住宅景观吸引力

城市景观吸引力可解释为：城市景观对于城市聚居者在该景观中活动的吸引与感染力；换言之，是在特定城市文化及社会背景引导下城市聚居者对城市公共景观空间的参与性和满意度[27]。图6-1所示为构建城市文化营造城市住宅景观风格吸引力的作用模式，在模式中需要主客体的参与、互相协调，分别是城市聚居者和住宅景观风格，在城市文化创造吸引力的同时刺激聚居者进行选择，形成一个完整的城市住宅景观风格吸引力构建模式，形成居民对社区的公众印象。在这样的作用模式下将会改善目前城市住宅建设中存在的问题。

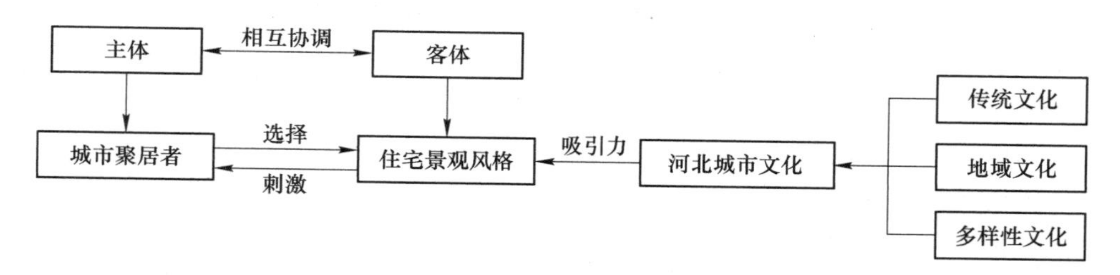

图6-1 城市住宅景观风格吸引力构建模式

6.2 河北城市文化探索

河北省第八次党代表大会提出了“加快新型城镇化进程”的号召，其中强调了城镇特色建设，强调合理进行旧城改造和新城建设，做好历史文化的保护与开发；对住宅景观风格的研究恰恰响应了号召。要切实有效地实现从住宅景观风格上打造城镇化特色，让新旧城建设和谐共生，探索并延续城市文化，为城市住宅景观风格寻找恰当的文化定位。

6.2.1 河北拥有丰厚的历史文化遗产

河北地处华北平原腹地，石太、京广、京九铁路交汇，南北通衢，与山东、河南、山西、内蒙古、辽宁相毗邻，是承接中原地区和东北地区的枢纽之地，省内有高原、丘陵、平原、山地、湖泊和海滨等多种地貌。气候属温带季风气候－暖温带、半湿润－半干旱大陆性季风气候，特点是春多风沙，夏季炎热多雨，秋高气爽，冬季寒冷少雪。

河北省历史悠久，是中华文化的发祥地之一，有河北桑干河流域的泥河湾人类文明遗址、涿鹿之战遗址以及承德的红山文化遗址，春秋战国成为燕赵之地，在政治、经济、文化科技、宗教等诸多方面深深地影响着中国上下五千年历史的发展。河北不但拥有丰富的物质文化遗产，也拥有为数众多的非物质文化遗产。

物质文化遗产上，有国家级历史文化名城承德、保定、正定县、邯郸、山海关区。在省会石家庄市就有战国中山的东垣邑、隋代石邑县治振头镇、大石桥、大佛寺、赵州桥、毗卢寺壁画、临济寺、西柏坡等古代、近现代遗迹；张家口、承德是民国时期两个省的省会城市，在张家口有涿鹿之战遗址、古长城、明代鸡鸣驿等古迹；保定曾是直隶总督府；沧州有铁狮子、泊头火柴等；邯郸更是古有盛名，有赵武灵丛台、赵王城、古邺城等历史著名遗迹。在河北省还有三处世界文化遗产：万里长城最精华的部分——山海关段；现存最大的皇家园林避暑山庄及周围寺庙；明清皇家陵寝——清东陵、清西陵。在自 2007 年开展的第三次全国文物普查工作期间，河北 11 个设区市对共计超过 3 万处，包括古遗址、古墓葬、古建筑、石窟寺和石刻、近现代重要史迹及代表性的建筑等进行了历时 5 年的艰辛普查，涉及不可移动文物共 6 大类；并且有很多初次发现的文物填补了河北历史上的空白，如衡水西周庄新石器时代的遗址填补了考古文化的空白，邢台、石家庄的旧石器时代遗址都具有重要的考古价值。

河北还拥有众多优秀的传统民居。在张家口有小巧的囫囵院、北方特点的合院、高原典型的窑洞式院落三种民居形式；在石家庄西部山区有粗犷淳朴又不乏精雕细刻的石材民居。在第三次全国文物普查中邯郸武安市还发现了建于民国、具有冀南传统民居特色的大院；石家庄井陉核桃园古民居、耗时 6 年的井陉吴家宅院、栾城县清代冯氏老宅等，为河北的民居建筑再添亮点。在这次大规模普查中还发现很多文物建筑、工业建筑，它们都是在城中村改造、新城建设时需要注意保护或发扬的历史文化。

非物质文化遗产丰富。其中在国家级非物质文化遗产名录中，有石家庄的丝弦、拉花、中幡、评剧等；邯郸的磁州窑烧制技艺、太极拳、苇子灯阵等；邢台的鼓舞、广宗柳编、秧歌戏等；廊坊的固安柳编、霸州胜芳音乐会、秸秆扎刻、花丝镶嵌制作技艺等；保底的老调、定瓷传统烧制技艺、易水砚制作技艺；沧州的吴桥杂技、西河大鼓；唐山的皮影戏、唢呐艺术、玉田泥塑等，衡水的内画、武强木板年画等；秦皇岛的昌黎民歌、地秧歌等；张家口的蔚县剪纸；承德的丰宁满族剪纸等，共 10 个大类，河北占有 132 项。另外，中国共有 29 个项目入选联合国“人类非物质文化遗产代表作名录”，河北省申报的“中国剪纸”入选。

由此可见河北省文化资源丰富，它们是河北文化的核心，住宅建设应从中进行城市文化定位，惠及民众。

6.2.2 河北有一段特殊的红色文化

改革开放以来，随着人们物质文化生活水平的提高，使人们拥有了丰厚的物质生活条件，但是西方物质至上的思想和当代生活工作的快节奏造成人们心灵深处“荒芜”，人们开始重新关注和学习那些虽然物质上的极端贫乏但是精神上有信仰、有理想且富有献身革命精神的人和事迹，这反映了大众对生活、人生甚至是生命思考的一种转变，而红色文化所代表的正是一种有理想、有信仰、勇于献身、积极奉献的精神和人文情怀，具体体现在日常生活中，则表现为个人安全、归属和自我发展需求的满足。正是基于这样的实际需求，红色文化再次进入公众的视野，并引起了极大的社会共鸣。

1948 年 5 月中共中央和中国人民解放军总部移驻到西柏坡这个河北最普通不过的山村，西柏坡成为创建新中国的指挥中心，成为中国五大革命圣地之一。河北省还有着许多著名的红色文化资源，如涉县 129 师司令部旧址、阜平县晋察冀军区司令部旧址、易县狼牙山、安新县白洋淀、清苑县冉庄地道战遗址、邢台市邢台县中国人民抗日军事政治大学遗址，等等，这些红色人文景观与当地自然景色相结合，形成了具有地域特色的红色文化，一方面是革命斗争精神的体现，另一方面是对革命历史文化的传承。

然而，由于红色文化资源地处相对偏僻的乡镇，多数与乡村的建筑相结合，随着城镇化的推进，红色文化开始走进“博物馆”或者“陈列馆”，如何将红色文化精神体现在当地城市文化和城市建设中是一个具有时代和历史意义的课题。如何将红色文化定义到城市的住宅景观中，将有信仰、有理想和勇于献身的革命精神体现在人们日常生活所耳濡目染的地方，是一个更具有挑战性的课题。

6.3 河北特色城市住宅景观风格的文化定位

俗话说“一方水土养一方人”，每一个城市都用自己个性化的文化抚育走进这方水土的每个人。城市文化定位就是在众多文化中寻找城市的与众不同之处，在尊重历史，符合城市发展方向，为大众所接受的基础上进行提炼，形成城市准确的定位，进而为城市住宅景观风格建设提供可行的依据。

6.3.1 从历史文化遗产定位风格

从物质及非物质文化遗产中汲取灵感，这样的遗产本身就是独一无二的，创造的风格一定是最独特的。从此产生的风格既可以具有不可被复制的独特性，又可以融入城市背景；既保护传承了文化遗产，又使住宅景观有了浑厚的文化底蕴做基础；既容易被市民认可，又可达到居住的愉悦感。

从河北省国家级非物质文化遗产名录中可以看出，很多文化遗产的根基并不在城市中，而是在乡镇或者村庄里，很多文化在城市中没有体现。在本次课题调研过程中我们走访了衡水和武强，参观了武强年画博物馆，武强年画属于非常有特点的木板画，但是直到走到博物馆我们才感受到年画的气息，它被锁在一个方圆不大的博物馆里，在城市建设中没有一点痕迹，走在生机并不盎然的路上，我们曾一度觉得武强年画也许只是一个传说。衡水的城市景观风格比较单一，色彩也有点灰暗，若能点缀武强年画的特点可为城市建设增添意想不到的效果，使其具有吸引力。

红色文化定位也是一个不错的选择。如在西柏坡，那段历史为河北留下了团结统一、艰苦奋斗的无产阶级革命精神，留下了国家第一代领导人指挥作战时的院落，留下了闪闪红星……在现代住宅景观中，可以体现在住宅小区的命名上，摆脱欧美风情之类的称谓，体现在革命事件、英雄人物不断浮现的景观长廊中，体现在红色标语中。通过住宅景观表达这些内容不仅可以宣传西柏坡精神，还可以鼓舞人们的斗志，每天上班前再唱响两句“东方红”，居民的生活定会天天向太阳。除此之外，红色风格的住宅楼盘适应所有热爱那段历史的人，没有年龄界限，适应人群非常广泛。

传统民居也是在建设现代城市住宅景观时最值得借鉴的文化之一。从传统民居到今天的城市住宅，人类的居住环境发生了巨大的变化。但我们依然为传统民居的丰富、奇特而油生感慨，也为现代城市住宅的先进技术而感到惊讶，它们同样谱写着人类居住史。我国民居艺术源泉久远，可追溯到史前文化时期，随着时间的推移、技术的进步，在我国广袤的土地上留下了富有地域性、民族性的民间居住形态，如分布广泛的合院式、厅井式民居，适宜潮湿多雨的干阑式民居，冬暖夏凉的窑洞式民居……奇珍异宝般散落于祖国各地，如此多样化的居住形态，是其他国家无法比拟的。从前文的陈述中可以看出河北也以其多样、典型的传统民居而闻名，能够体现河北特色的民居比比皆是，如表 4 – 4 中所列的河北石家庄市的住宅项目，12 个传统风格住宅项目中有 6 个项目采用了徽派民居的外立面，会给人以雷同或者异乡的感觉。徽派的民居形式是在特定的历史及环境背景下产生的，代表了中国民居的精髓。但从河北来看，其气候、历史文化都不能体现出徽派民居中蕴含的生活气息，可以说它在此地是无根的，既然没有根基就不易发展的枝繁叶茂，我们享用的景观只是外形，却缺少生机。

6.3.2 从生活情境定位风格

朱大门、石门礅、垂花门、影壁墙、雕花窗，树下坐着一位老妈妈，院子里孙儿拿着拨浪鼓乱跑……这是怎样的一种情境。曾经在河北城市很多地方都有这样的情境，但是随着城中村改造，这些可以体现一个地方居民生活习惯、生活状态的情境逐渐淹没于高楼大厦中，人和人之间交流、沟通都被钢筋混凝土的墙壁隔离。从改善居住条件、美化城市建设来说旧城改造固然是发展方向，但是一直住在那里的老居民心里的舍不得，又有多少开发商、设计师知道呢。想到这里，也许就明白，当课题组成员进行实地调查时为什么在石家庄青鸟·中山华府中那条复原的民生路上会有那么多人纳凉。喧嚣的城市里，有这么一块让人感觉亲切的地方，确实难得。将住宅景观和情境再现综合起来，体现本土生活的风格会得到市民的广泛认可。因为住宅就是为了生活，反映最普通、最平凡的日常生活的景观也许就是市民最喜爱的地方。

许多河北省传统风俗习惯中，白洋淀荷花节、井陉雪花山庙会、正定花会、张家口吹歌、常山战鼓、唐山皮影戏、龙灯和狮子舞等，在现在的城市市区和住宅区都鲜有所见，对于年轻人而言更是知之甚少。河北名吃——张家口蔚县八大碗、承德鲜花玫瑰饼、唐山棋子烧饼、廊坊京东板栗，等等，虽然口碑不错，但是在日常生活中也不多见。可以将这些风俗、习惯通过一定的规划和设计注入住宅景观，使这些风俗、习惯不在国际化、城市化中被湮没、消失，使人们除了朝九晚五的工作之外还有更多的属于自己的生活方式。

其实，自古人们就偏爱将普通的生活寄托在庭院中，它是构成住宅空间的重要元素，庭院式的住宅景观理念最符合当地人的生活情境。无论北方的合院，还是南方的天井都是庭院概念的延续，历经数千年的发展，已演进成一种成熟的空间形态，适应了当地的地理、气候、人文，体现了特有的价值观与审美观，于庭院中积淀了深厚的物质与精神文化。

宅，《说文解字》曰“寄托”，那么住宅庭院便成了寄托主人及其理想，维系家中成员之所，是人们可以牵肠挂肚，享受四世同堂、天伦之乐的地方，从而形成“家”与“庭”的结合。在中国的词语中“家”和“庭”总是有着骨肉相连的关系，所谓“家庭”在中国人看来，有庭院才有家，古人永远都是把庭院、园林作为家的一个构成因素，住宅和庭院、房子和园子的结合才是中国人想要的“家庭”。有些人士提出“庭院是建筑的灵魂所在”，应“回归一种‘有庭而居’的生活方式”[28]，亦有“居所之居，不惟居身，而且居心”[29]的论点，说明“庭院”在住宅景观中的重要作用，说明我们对“庭院”有着抹不去的眷恋。传统的庭院景观包含了儿女情长、多愁善感，当代住宅虽也多庭院，但比不得传统庭院的格局、小景。在当代我们只能在楼间景观中，或别墅庭院中体会“半藏半露的含蓄、意远、境深”[30]，欲藏先露的暗示，疏密起伏的对比，曲径通幽、移步换景的幽深万变，叠山聚石、穿池引水的巧置，体现当地人的生活情境。

6.4 河北特色城市住宅景观风格的文化构建

6.4.1 尊重城市历史，在历史背景中展现住宅景观的地域性

在工业革命以前，一座城市的发展总是离不开当地的自然地理因素，同时，由于经济、政治发展的不一样，使得每座城市所积淀的人类历史各具特点，呈现出一定的区域性，这点在各个区域所留下的物质和非物质文化遗产中可以发现。然而经过三次工业革命之后，人类建筑技术、材料和理念高速发展，使得自然地理等自然因素对一座城市住宅景观的影响越来越小。如在荒芜的沙漠中建造城市在工业革命之前简直就是天方夜谭，然而美国拉斯维加斯的建造，却成了现代世界的一个奇观。我们无法从外观上分辨美国的拉斯维加斯和阿联酋的迪拜，但这两座城市留给人们的印象却是大相径庭。

河北省的历史可以追溯到上古时期，并拥有众多与众不同的文化遗产，在古代，燕赵之地不但有中原文化的影子，更有来自北方的文化气息，并形成了独具特色的区域性文化；在近现代，临近中国政治中心，历史的沧桑给河北省带来了一种历史的厚重感。要尊重历史，将历史留下的遗产转变成现代城市住宅景观的重要资源。在河北省的城市住宅景观中，如果在规划设计中加入历史符号或者元素，并体现在人们日常生活中，将城市的历史融入到现代人们日常生活的轨迹中，使历史与现代交融，这不但是历史的传承，更是历史的发展，尊重城市历史不但是人们自重和自信的一种体现，更是一种对自我的超越。

6.4.2 传承城市文脉，在传承传统中凸显住宅景观的文化性

城市需要厚重感，城市的厚重来自城市的文化，城市的文化不是横空出世的，而是需要时间的积淀和文化的传承，纵观河北省的几大城市，张家口、承德、保定、沧州、邯郸、石家庄等，文明进化历史悠久，历史上政治、经济、商业、历史异常繁荣。在现代技术“独霸一方”的时代中，只有通过传承城市文脉，才能使得一个城市或者区域区别于其他城市或者区域。如河北省的魏县、正定、井陉均是千年古县，如何使千年古县不湮没在现代技术的发展中呢？只有通过传承城市文脉，才能避免现代技术所带来的“千城一面”的尴尬局面。

现代技术本身的趋同性质，使得对城市文脉的传承和发掘、发展成为塑造城市特色的前提条件，将诸如“千年古县”的文化特征进行传承和发展，已然成为塑造城市特色的一条“蹊径”。然而，城市文脉不仅仅体现在几座受保护的历史建筑或者博物馆上，而是应将“千年古县”的规划设计思想及其审美价值体现在城市建设管理的方方面面。城市规划设计不能永远停留在“保护”的阶段，更应该放在传承和发展上，即要在城市整体规划设计上传承城市文脉，要在人们日常生活中，如住宅景观、街道、生活设施等“见微知著”的方面进行传承，

使城市一街一巷、一园一林、一亭一楼彰显文化的特色，真正体现城市的文化性。

6.4.3 以人为本，在城市生态视野下体现住宅景观的人文精神

城市因为有人而存在，城市的形成和发展都离不开人类，在没有现代科技的时代，城市形成、发展的一个重要先决条件，就是城市所在地的自然、地理、气候条件。一座城市只有拥有一定的自然环境才能避免“楼兰古城”现象的再现。对城市自然环境的保护和重建，恢复自然生态系统，不仅是城市发展的必然条件，也是城市发展以人为本的体现。

在城市规划中体现“城市良心”已成为中国城市建设管理一个无法绕开的话题，城市的住宅景观是城市景观不可或缺的一部分，不但承载着人们日常生活的每一个细节，而且关系到人与城市的和谐、持续发展。城市规划设计中除了应加大对公共文化设施的投入，还应该加强对住宅景观的掌控，使公共文化设施与住宅景观水乳交融、浑然一体。

我国住宅市场的市场化，使得我国住宅及住宅景观的投入主要以商业资本为主，商业资本所带来的自由化，使得住宅景观的整体规划在城市景观建设整体规划设计中出现市场主导的趋向，政府和相关管理部门对于住宅景观的重视程度相对较低，导致出现了本书所调查的情况，住宅景观的趋同性、时尚性使得本已脆弱的具有本土特色的住宅景观丧失了“市场需求”，其背后更是人们对本土文化精神的淡忘和遗失。将住宅景观的规划设计纳入到城市景观规划设计中，是一种人文精神的回归，是对生活在这座城市居民人文关怀的体现。

站在城市生态系统的视野下审视城市住宅景观风格，城市住宅景观风格不仅仅是“光鲜”的形象工程，而是与人的发展、城市的进步息息相关的，具有生命跳动的城市良心的体现。

7 河北城市住宅景观风格的表达

全球化趋势是不可阻挡的，“伴随经济全球化的是文化全球化，由此地方文化与全球强势文化之间形成了冲突与融合共存的态势”[31]。河北省虽然有丰富的传统文化、民居建筑，但不可能闭门造车，若既想成为现代化都市，又有自己的城市风貌，就要在全球背景下找到自己的文化定位，走出一条兼容并蓄的住宅景观之路。兼容并蓄的住宅景观是在新时代，用开阔而综合的视角了解当代人的生活，解决面临的新问题，创新设计表达，营造符合本地人生活起居的景物，并集中体现城市文化，引领城市住宅发展方向。首先，这种风格不仅是市民的生活空间，它还标记着当地人们曾经的生活场景，寄托了市民美好未来。其次，它站在新时代全球化的高度之上，并有本土文化做铺垫。最后，它提倡本土，但又区别于人们常说的中式，避免各城市以同样的“中式”风格作为回归传统景观建设的思想。在全球化的过程中，跨国接触与交流愈加频繁的结果是，当地族群逐渐意识到存在于自我与他者之间的界限，其引发的反应是本土文化特质的再发现，而不是同质化[32]。本土性期待重拾。兼容并蓄的住宅景观是以本土文化为前提的多元化的景观风格。

7.1 场地特征分析

场地的特征往往具有唯一性，最能代表当地人的生活习俗和状态。要在充分了解当地的气候、地形地貌、水资源、土地、植被资源以及文化、历史的基础上设计出适合特定场地的住宅景观，这样的风格才最具识别性和地域性。景观设计总是在“广泛的城市文脉中和在城市多样性地段进行的”[33]。

第一，场地自然环境分析。如何利用场地自然环境是进行规划设计的基础，气候、地形地貌、水等直接影响设计风格和效果。如在四季鲜明的北方设计热带的风格，需要大量的水、热带植物来烘托场景，营造纯粹的风格，不仅实现困难，后期维护费用也会很高。尤其对于河北这样一个缺水而且冬季寒冷的省份，对水的运用要特别注意，不仅要注意水的循环利用，还要注意设备的保护，否则就很容易成为臭水甚至枯水。现在有很多尊重自然环境的方法，如依照地形地貌进行规划设计，石家庄上山间是西山脚下的一个别墅区，完全依地势而建。注重场地植被保护的案例也非常多，如转移现有场地的植物，在施工完成之后再将植物转移回来，这种做法本身就是对场地文化的延续，尤其在城中村改造项目中，在住宅交付使用后，大部分居民需要回迁，保留原有植物就是对原有居民生活情境的回归。

第二，场地与周围景观风格的联系。我们不仅是在一块城市空地上建造住宅，城市本是各种景观交织在一起的复杂的网络，而每一个住宅项目只是其中的一个节点，它和周围的节点（景观）是相互作用的关系，摆布合理了，可以为这一地段的景观带来协调的视觉效果，若曲解、错乱了相互关系，那可能就会形成怪异、失调的视觉效果。所以要搞好关系，使之成为城市肌理特征的延续，而不是断点。这一点不仅在历史街区改造与建设中需要尤为注意，在新区建设中也同样不能为所欲为。如石家庄呈现向东南发展的趋势，城市东南方，道路宽阔、干净、整洁，高楼林立，充满了现代都市感，这样的环境下自然也少不了住宅景观的烘托。从景观风格分布图上看，不像在东南方向主要以自然风格、装饰艺术风格和现代风格为主，整个东南方的城市景观呈现浓郁的现代感。石家庄首例纯粹的现代风格住宅景观——西美第五大道就坐落在这里。这种风格与西北方向多排排楼的风貌截然不同，与徽派的公园首府（石家庄住宅）也风格迥异。使进行规划设计的场地成为周围景观中顺畅的一个环节是至关重要的，不仅会影响局部街区，更会影响整个城市风貌。保定的莲池会所（图 7－1）是一个很好的例子，它地处保定旧城区中心地带，与全国十大名园之一的古莲花池毗邻，因此景观风格汲取了古莲花池的造园和建筑艺术，形成了一个高端住宅区，它的风格选择是顺理成章的。

图 7－1　保定莲池会所

第三，场地自身的文化特质。应提炼原有场地的景观历史、功能、文化内涵，以及原有人群在使用过程中的视觉和心理上的反映，并借以形成新的住宅景观，使之经过设计之后得到保留和强化，使原有内涵得以延承。像前文提到的万科水晶城、青鸟·中山华府都是很好的例子。如吴良镛先生主持北京菊儿胡同四合院改造时提出“有机更新”的规律，并据此建成了菊儿胡同的“新四合院”体系[34]。新环境基本保持了原有的社区结构，不仅满足了原有市民对四合院的依恋，体现了人文关怀，还保护了传统民居形态，形成了新的住宅景观。又如石家庄的一个在建项目——瀚唐，地处石家庄东垣文化地段，它体现了中国古典元素与现代文化。

7.2 建立住宅区印象——设计手段

任何一个居住社区都有一个公众印象，它是许多印象的叠合，从而形成一系列的公众印象，这种公众印象往往是有代表性的、包容性的，令人信服的。当然每个市民对每一个居住社区都会产生自己独特的印象，但总是接近于公众印象。所以设计师的任务就是要建立这样的公众印象。这种公众印象包括两个方面：一个是形式感，一个是情感，这两个方面互相影响。有关城市文化的再现使公众印象富有情感，在前面章节已经有所阐述，本章节主要从公众印象建立的形式感着手，揭示形式感在表达风格、体现文化方面的作用。一是设计规划，其中涉及四个连续的景观设计手段。二是设计的具体构成要素，主要从道路、节点、植物等方面论述。设计构成要素是形式，但是需要设计规划来组织，所以这两部分是缺一不可的。独特的公众印象的建立，就是风格的表达。

居住区景观的地域性可通过总体规划、建筑风格、景观设施等方面来实现。不同层面采用不同的设计手法，是构建居住区地域性景观的重要内容。对居住区景观的规划主要可以分为以下几个步骤：

（1）分析居住区所在地域的自然条件、人文条件，进而更好地挖掘该地区的地域特色，为居住区景观风格做好定位。

（2）保护和利用原有的地形地貌，根据设计理念，对小区进行一总体规划，将地域性文化融入景观当中。如对位于坡地的小区应适应地形的特点，随坡起势，筑台逐增，形成错落有致的住区布局；滨水地区应充分利用水的特色，创造居住区水景观。

（3）除了考虑居住区内部条件，还应该考虑居住区与城市空间紧密关系，利用周边环境的景观资源，处理好与城市空间的衔接。如濒临河道的居住区可以利用自然水资源，建造滨水景观带；临近城市公园的居住区可以预留景观视线通廊，让居住区内外景观相互交流，尊重历史景观。

河北特色城市住宅风格还要从传统入手，从地域入手，形成兼容并蓄的新住宅景观。在河北一些城市中有些经典之作，如石家庄青鸟·中山华府、公园首府等。有一句话概括的极是：“真正把‘继承传统’从‘领悟传统’发展到‘参与传统’，最终形成反映文化特色的景观——新中式景观。”河北特色新住宅景观风格的营造方法应包含续格局、演形态、借时空、融意境。

7.2.1 延续格局——风格表达的骨架

我国传统建筑在群体组合格局中是有分别的，其中包括了内向与外向。如天井、合院是典型的内向格局，而且建筑均面向内背朝外，形成了以内院为中心的向心感，这些在皇家苑囿的园中园、私家园林以及民居中都有体现。在大型皇家苑囿中也会采用内向外向结合或外向型的格局。这样的建筑群落格局在形成的同时也产生了庭院。多个单元建筑群体连续起来又形成了空间序列格局。空间序列可分为：第一，串联式，产生一进又一进的空间院落，如北京故宫乾隆花园的空间序列格局。第二，中心式，以某个空间为中心，其他院落围绕它进行布置，并以中心院落作为维系，如北海画舫斋。第三，自由式，将子空间序列格局按照一定的路线进行自由布置，多用于大型的私家园林或苑囿中，如扬州何园等。一些现代住宅也采纳了传统格局，如对“天井”的借鉴。天井在中国民居中是特有的，南有广州的西关大屋，北有西塘古民居，上海九间堂的某些建筑组合中也运用了天井。现代建筑采用天井，这不仅是借鉴民居处理通风采光的方法，更是对家庭生活纽带的一种表达，其与现代的材料以及技术结合，可展现现代景观风格，成为蕴含中国传统家庭观念的现代住宅景观。

7.2.2 再现形态——风格表达的物象

“形态”是指在传统景观或场地环境中所呈现出来的物象，是传统人格和审美的反映，既包括造型、材料，又包括琉璃黄、中国红等色彩，也包括山石、花木。传统的游廊、花窗、蹲兽、山石、花木都容易抄来，但是如用得太具象，就会成为仿古建筑；用得太抽象，又会失去传统的感觉。这就要求对传统居住艺术有一个合理的继承与转化。寻找传统到现代转化的契合点有很多方式，不同的途径会有不同的方法和结果。再现形态需要对某些可体现城市文化的艺术形态进行转化。

第一，提炼简化本地标识性符号。现代设计起源于“少即多”，所以“简”本来就是现代设计的一个重要标志，是现代与传统结合的最直接的路径。第二，在传统造型中使用新的材料和工艺，使传统形态更具有现代气息，如金属和大面积玻璃的运用等。冰裂纹花窗是古典园林中最经典的漏窗纹样之一，若在庭院中使用它原有的颜色和材质，有时会给人古旧的感觉，但若是给它换一款金属材质或者换一种中国红的色彩，然后再运用到现代居住庭院中，传达给业主的信息可能会是既怀旧又时尚前卫，达到居住艺术和现代人的审美完美结合。第三，直接引用本地原有且特有的形态内容，如将青石板路、青砖墙面、灰瓦运用到现代庭院中。在青鸟·中山华府的楼间景观中便直接使用了这些特有的材料，本地特征非常明确，安静、祥和，着实让人觉得质朴、惬意。

7.2.3 借用时空——风格表达的活力

“时空”是指“组合空间的各园林因子、园林因子与宇宙时间之间的互动关系”[35]。中国传统处理空间的方法别具一格，它不像西方园林中讲究轴线、对称、秩序、一览而尽。中国人喜欢步移景异、曲径通幽之雅趣，而不是尽收眼底的壮美。在传统造景中，将山石、池水、楼榭、花木通过借景、对景、框景、显隐、曲直、聚散等手法组成一个独立而不散乱、协调统一而又变化多致的空间，这正是传统经营位置所讲究的“步步移”和“面面观”的空间处理方法。时间与空间是同时存在的，如春夏秋冬的季节美、晨昏昼夜的时段美、风雨雷电的气候美等。时、空的结合为庭院增加了动感美。这些时空的处理手法对于现代人的生活节奏和审美来说可能会显得拖沓，从而无暇思考步移景异的变化，但它们恰能打破现代景观的雷同与枯燥，为住宅景观注入新鲜活力。

7.2.4　融合意境——风格表达的内涵

无论是在皇家园林还是在私家园林，自古人们就喜欢将自己的情感寓于山水之中、花木之间，“登山则情满于山，观海则意溢于海，我才之多少，将与风云并驱矣”[36]。这正是我们常说的触景生情、寓情于景的道理，也是造园的最高境界——意境。过去的人常借诗画营造意境，再借诗画赏意境，还有借匾联的题词来破题，以增加场所的感染力，故而，意境的有无或深邃程度便成为欣赏一切艺术的标准。若将意境融入到具有河北城市文化特色的住宅景观中，居民会因景致而生情，带其情再享景，独乐也好，众乐也罢，这才是带有地方味道的情景交融。而当代的意境交融则是交织了更多不同的文化：传统与现代、地域与国际、内敛与张扬……

7.3　建立住宅区印象——构成要素

7.3.1　构成要素的地域性

地域性的居住区景观建设的方式非常多，可以从多个角度进行挖掘，本书通过对多处优秀地域景观案例分析，对居住区景观设计的表现方法进行简单的归纳。

7.3.1.1　挖掘地域特色，提炼设计元素

河北地区的居住区景观设计有一些比较有特色的地域性元素，如河北地区的民间故事和传说、民间艺术、风俗习惯、传统活动、历史典故、文化名人、名胜古迹以及历经岁月洗礼留存下来的古街巷名、古地名等。在全面了解河北的自然、历史文化等因素之后，需要进一步发掘获取的地域元素的精髓，并通过用景观作为其载体，把这些地域性元素用符号和图像形式表达出来，构建具有浓郁地域特色的居住区景观。

在把地域元素转换成符号的时候，不仅要继承本土传统，同时也需要与时俱

进，要做到历史与现代、传承与创新相统一，只有这样，才能造就一个有人情味儿的居住环境。常用的设计景观符号的方法有借代、改造、再现等。

（1）借代。在设计景观的符号上面，最常用到的就是借代。在景观设计中，这种方法是运用最为广泛的，将借体原型的整体，或者说是一部分直接运用到景观设计中。某些具有民族文化象征意义的图腾景观元素可使用整体借代的方式进行符号化。河北有着许多技艺高超的民间艺术，如蔚县的民间剪纸、唐山的皮影艺术，在设计过程中可以将这些民间艺术抽象化成一些景观符号，用细节引发人们对该地区民间艺术的趣味性联想，增强居住区景观中的地域文化氛围。还可以采用地域景观元素中的某个局部特征或单个构成部件，通常这些元素具有广泛性和易识别性，让其作为整个景观的视觉中心，可以使人们能感受到设计者赋予符号的隐含寓意。通过借代，可以更好地将符号直接拿来运用，这也是让景观设计直接体现地域特色的最好方法了。

（2）改造。直接运用景观设计符号将需要的元素体现出来，这样的方法比较简单有效，但是，如此一来仅仅是地域元素简单的再现，是历史和文化的完全复制，但缺乏创新。应在保持地域特色的前提下，对传统景观元素进行材质、色彩和局部形式等多方面的改造，使得传统景观元素的特征更为鲜明，并且在新的时代具有适应性和生命力。

传统元素的形式是非常烦琐的，通常并不需要那么多的具体的表现，需要的仅仅是一个可以让我们一眼能识别的简单的概念，可以仅保留地域元素的内涵，简化掉一些繁杂、精细的细节装饰，留下明快的结构或简化的形体。如河北省园博园邯郸园入口处的主题雕塑“胡服骑射”就使用了简化手法，只是一个简单的轮廓。这样的雕塑具有更精炼的标识效果，加上沧桑的质感，令人印象深刻。夸张一般是将地域性景观元素进行夸张放大，产生具有震撼力的效果，从而让人们了解要传达的意思。这种手法通常用于制作雕塑、构筑物，一般放置在具有导向性标志性的地方，如居住区入口景观。像山海关求仙入海处的秦始皇雕塑，实际上就是将雕塑夸张了，使人在远处就可以感受到这千古一帝俯瞰万物的威武气势。

把传统景观中不一样的地方按照特定的元素进行重新组合，就可以创造出新的景观系统，这就叫改造，即“重组”。重组可以是某种景观符号在不同时代、不同地域的具有连续性变化的一系列历史演变过程中不同状态的对比组合，体现不同时空下同一种类景观符号的差异；也可以由不同种类的景观符号在相同的时间和地域使用某种方式组合成新的景观符号。如河北园博园的张家口园，其入口处的主体景墙就将不同的年代、类型的地域元素全部合理的排列在一起，构成了宏伟的历史画卷。

（3）场景再现。历史典故、风土人情，这些也可以用来作为直观的景物的表现元素，可以使用极具画面感的景物，将这些民间故事，或者地方传统活动的场景进行真实立体的再现，使人们联想起某特定时代特定地域的生活记忆，使人们更加感性和具体了解地域文化。在景观设计实践中通常通过景墙、铺地、景观场景小品、景观浮雕等方式来实现景观场景化。如山海关景区内的街边情景雕塑，就是将当时闯关东时期的场景进行了再现。

7.3.1.2 地域性材料的应用

景观材料是景观的主要载体，这个载体承载了景观的文化内涵。在居住区景观设计中，应该充分利用当地具有特色的材料。地域性材料取材方便、造价低廉，充分利用当地的自然资源，符合可持续发展的路线要求。设计师应通过对这些材料的改造和利用，及一些艺术手法，形成有特色的新景观。

任何一个区域自然条件、资源状况、人文传统都是不一样的，可通过设计师的挖掘，对这些材料及其应用方式做出相应的变化，从而形成本土特征鲜明的居住空间。地方材料的应用对现代景观在地域性的表现上具有特殊的意义，使用地方材料已经不仅仅是客观的需求，而是上升为对现代景观的人文需求，当然也是保护和发扬景观设计文化。

河北地区有很多自然资源，传统的民居中大量使用石材、砖材、木材等乡土材料，取材方便，造价低廉。如秦皇岛是海滨城市，在设计时可以将原本没有用途的贝壳、海礁石等做成景观墙的墙面装饰，或组合成景观墙。或者用铺装或涂料采用现代工艺手法打造出海浪、贝壳、鱼蟹等肌理，让人快速联想到大海。景观小品通常应主题明确，风格突出，具有特色。

科学技术的发展以及生产力水平的提高，地方性材料的区域限制以及技术条件的制约都不断被打破，新材料和新技术的应用使得现代景观设计师可以突破传统材料的限制，更加自由和广泛地应用设计元素和表现手法。如现在到处都是高楼大厦，在建造过程中产生了很多建筑垃圾，而应用与地域性结合的新技术、新材料，更符合可持续发展的要求。

7.3.2 具体构成要素

7.3.2.1 建筑

居住区的建筑风格和当地的地域性有非常大的关系。各地区地域环境不一样，历史文化也有所不同，建筑风格的差异很大。融入地方建筑特色元素，能提升整个居住区的地域性，唤起居民的归属感，使地域文化得到更好的延续。

气候对于居住建筑的影响非常大，南北方气候不一样，因此，在建筑风格上也很不一样。北方冬季寒冷，为了保暖，墙体较厚，窗户和墙的比例较小；而南方气候湿润温和，建筑要尽量遮阳和通风。

建筑装饰是建筑风格的一个最为直接的表现，特别是建筑细部构建（如门、窗、装饰线条等），更多地具有地域性特征，传统民居装饰实际上就是“图必有意，意必吉祥”。建筑细部装饰记载着传统历史和文化的信息，向人们传达着某些精神信息。如窗户、大门、屋檐等的样式、形制，还有以民间艺术、历史典故等内容为载体的雕刻、花纹等。建筑材料的质感、色彩、纹理也会使人们有不一样的感受，并被人们赋予了很多不一样的意义。

城市居住建筑设计若想真正体现本地风格，必须要对当地的传统居住形态有一个大致的了解，其中包括生活习俗，这样才能构建富有地域特色的居住形态。如深圳万科第五园，围合的天井、多重的庭院、青砖瓦黛瓦以及花窗、檐口等建筑符号，构成了传统韵味的空间。

7.3.2.2 道路

道路是一种渠道，人们通过它到达目的地，或者沿着它欣赏路边的景色，或者随时随地休息。它在居住区中可以是机动车道路、步行道、栈道。道路对于一个居住社区来说是具有统治性的构成要素，其他的环境要沿着它布置，并相互联系。特殊的道路或者居民习惯性的道路，它的识别性会非常强，它对于居住区形成公众印象具有不可低估的作用。所以道路在居民心中会形成重要的公众印象特征，也是风格表达的重要组成部分，但也是往往会忽略的构成要素。

道路有宽窄、长短、曲直，任何一种规律的形态都有助于风格的形成和公众印象的建立，方便居民使用。如中国古典园林讲究曲径通幽、移步换景，下一步的景色一定会给人带来不同的惊喜；而法国园林中讲究道路带来的将景色尽收眼底的壮观。

在居住区道路设计时可将道路分为四级，第一级为居住区级道路，解决居住区内外交通联系，属于居住区主要道路，车行道宽度一般为9米，人行道宽度为2~4米。第二级为居住小区级道路，解决居住区内部的交通联系，属于居住区次要道路，车行道宽度一般为6~8米，人行道宽度为1.5~2米。第三级为居住组团级道路，解决住宅组群的内外交通联系，属于居住区内的支路，车行道道路宽度一般为4~6米，人行道宽度为1~1.5米，有些小区是车人混行。第四级为宅前小路，通向各个单元或各户的门前小路，一般宽度不小于2.6米，属于居住区内的道路末梢。

7.3.2.3 边界

边界是道路以外的线性部分，是两部分的界限，一个区域和另一个区域以此联系。如组团边界、围墙、河岸、道牙。

边界具有很强的分隔能力。分隔不同的区域，或者表示安全与危险。围墙可以作为居住区内外的分隔，保证内部的安全，一般为通透的栅栏，栅栏的材料与形态多种多样，可以和本社区的分隔相匹配。绿篱可以分割出硬质铺装和软质铺装，分割出车行道和人行道，分割出居住组团级道路和单元前小路，达到1.5米以上的绿篱还可以阻挡视线，作为内外、我他的分隔。河岸可作为不同性质的景观元素的分隔，分隔水与硬质铺装或者绿地，人可以亲近或者不能亲近。它可以是乱石，由浅入深的戏水环境；可以是栈道，曲曲折折的近水环境；也可以是桥道、栏杆，或者是有宽阔休息场地的观水环境。道牙是不同区域的分隔，是机动车道与非机动车道分隔，是硬质铺装与绿地的分隔。

7.3.2.4 区域

区域指的是居民所看到的居住区中较大面积的地块，单个地块内存在一些共同特征，居民可以进去体验。在居住区景观设计中，区域往往代表一个个不同的功能区，而若想让每一个功能区都鲜明，设计师应赋予每一个不同的功能区一个特别的主题，通过主题精神统领每一个功能区的设计——布局、形态、色彩、材质等。它可以是儿童游乐场，可以是运动场，也可以是社区集体活动区等。

主题的连续决定了区域的形体特征，包括各式各样的构成因素：纹理、空间、形式、细节、标记、建筑类型和用途、地形，它们形成一组有特征的、容易辨认的居住区形象。如在石家庄的一个住宅小区（原河名墅）中，良好的建筑凹凸构造，驼色涂料和旧红色砖砌的建筑墙体，灰色的窗框，橙红色的车库入口，整洁的砖砌道路与乱石铺路，精致的游园小路，丰富的植物配置，静谧的气氛，形成了显贵的主题单元，很容易吸引人的视线，形成明确的公众印象。

7.3.2.5 节点

节点是指居住区人们可以参观、嬉戏或停留的焦点，它是某种特点的集中点或者交汇点。如广场、道路的交点等。识别一个节点必须有非常强的物质性才可以。如广场的形态，圆形、方形、椭圆形、自由形所表现出的风格不一样，广场的入口、出口的位置都会给居民留下指示和节点印象。除此之外，广场所涉及的设计要素，铺装的材质和色彩、小品的类别和造型，都会让人深刻体会到节点的特征从而形成公众印象。但这些物质性的组织和构建必须是容易让人记忆、容易触动人心理的物象或者使用经历。

标志是居民在观察外部环境时的参照，往往是比较单一的，独一无二的，而且一个标志相对于另一个标志是变化无常的。对于居住区景观来说，标志的形成有可能是设计师的设计结果，也有可能是居民在长时间使用居住区的过程，通过自己对居住区结构和环境的认识自然形成的。本书只讨论前者。标志的形成往往是跟节点分不开的，通常也会产生于节点中，当某个节点以某一个或者某一组单一的物象著称时，它在居民的心中会形成无法被取代的印象，可以为居民指导方向，甚至告诉居民这里就是家的归宿。当这些标志形成序列后，在人们印象中就会产生连续的点。标志特殊的风格特征更有助于对环境产生记忆和识别。

7.3.2.6 植物

植物是居住区景观中非同一般的景观元素，这种景观要素是有生命的，在居住区景观中有非常重要的地位，也是景观地域性的重要体现。它包括物质功能和精神功能，它能使环境充满了生机和美感，展现个性和风格。现代社会的高速发展让人们的环境意识越来越高了，对于居住区环境的质量也非常重视，在这种情况下，许多景观设计师都发现，必须在城市生态中对于景观发展进行平衡，对居住区的景观空间进行绿化景观设计是非常重要的，对于内部的景观空间可以起到有效净化空气的作用，提高居住区的环境质量。应合理设计居住区绿化，将建筑、居民以及绿化作为一个有机整体，将居民融入其中，形成有机运行的景观空间生态机制，使人与自然并存。当前进行植物栽植配置的时候存在诸多雷同，设计师不是采用树篱、灌木球等剪切，就是把很多的草坪大片连接在一起，景观效果模糊，很难起到应有的作用。

进行植物配置前首先应该了解植物的分类和其特性。从形态进行分类可以分为落叶植物、针叶常绿植物、阔叶常绿植物。落叶植物可以表现出明显的四季变化，在夏天的时候可以形成阴凉，到了冬天又不会遮挡阳光，同时，很多落叶植物都有一定的花期可以进行欣赏，设计师可以选择合适的花型配合小区的风格，如木兰适合用在宁静、内敛、简洁的新中式或现代风格环境中。针叶常绿植物，叶形似针，全年无落叶，而且树形密实，大都尖耸，可以修剪造型，适合做背景墙，还可以遮挡视线、围合空间，在河北四季明显的地方针叶常绿植物可以缓解冬季干枯的景象。阔叶常绿植物的叶形与落叶植物近似，但可以整年保留叶子。居住区常用的阔叶常绿树种是女贞，也是常说的冬青，女贞常被用作绿篱。但是在近十年，女贞也开始广泛作为北方小区的行道树，河北也有，如石家庄的信通花园，它弥补了冬天绿色的不足，这种植物到了春天也有枯萎期，但时间短暂。

在进行实践设计时，应在保持本来树种的基础上，多使用当地的树种，不可以一味地引入其他地域的植物，追求新鲜感。居住区的景观空间应当配置具有特色的植物，充分考虑植物的层次以及种类选择。

（1）乡土植物不同地区气候、温度、降雨、土壤等自然条件相差巨大，导致各地区的植物种类也不相同，呈现出一定的地域性特色。种植乡土植物要适合当地的自然生态规律，这样不仅可以建立一个具有地方特色的植物景观，同时，也可以更好地保持当地生态系统的稳定，有利于提高生物的多样性。而且乡土植物能够适应当地自然环境的变化，生长比较稳定，能够适应当地比较恶劣的土壤、气候等条件。如沧州的盐碱性土壤。因此居住区采用乡土植物更能保持当地植物群落的发展和生态系统的稳定，反映当地景观的地域性特色。使用乡土植物的另一个重要意义是以乡土植物营造独特空间环境，创造地域性的景观。采用某一种或几种乡土植物作为骨干树种，进行合理适宜的植物设计以及配置，可以直接凸显地域特色。

（2）周边环境。将绿化融入周围的雕塑、小品、山石，互相搭配掩映，才能完成一个成功的景观。在进行植物种植设计之前，首先根据所处空间的特点与功能确定整体风格，然后进行具体造景的点缀。如有纪念意义的广场周边应种植稍显严肃的松柏；在休闲的院落宜种植色彩绚丽，稍显活泼的花草和果木，形成活泼明快的气氛。在创造植物景观时，可以采用孤植、对植、丛植等种植方法，乔木、灌木、植被穿插种植，高低错落，色彩各异形成不同的景观效果，增加居住区环境美感，也可与水、小品等景观元素搭配，还可运用对景、框景等造景的方式，建设一个宜人的居住环境。

植物造型还应与建筑或者景观设施的风格造型相呼应，如用植物呼应它们的形式、线条和颜色。如果景观构筑物是水平线条的，可以用低矮的植物继续将水平线条延伸；如果景观构筑物是带有山墙的，可以用锥形植物与之呼应。这属于对应。也可以设计水平和垂直对应。

7.3.2.7 水系

在中国认为水是有灵性的，所以人们对水也特别重视，认为“吉地不可无水”，水能使整体环境显得比较有灵气。在居住区的景观设计中水景已经成为不可缺少的景观元素。

在创造居住区水景的时候，需要特别利用场地的原有地形，同时与水创造的声、光、影等进行合理的结合，在有高差的地方，可以通过设计一些瀑布、跌水，在平坦的地方可以设计溪流、水面，创造出动人的水体景观。特别是在山地居住区的水景创造中，可以用动态的方式体现其与地形地貌的结合。瀑布、壁泉、跌水是比较常用的处理地形高差的方式，在一些高差明显的山地可以采用这些方式，创造出多种形态的水景。如果场地内有水资源，应该尽力对原有的水资源进行保护，同时加以合理利用、适当改造，从而让它们变成适合居住区内部的水资源景观。

7.3.2.8 设施

景观设施是日常居住区景观非常重要的一个构成部分，在居住区景观的建设中，它是不可或缺的一个点，是表达地域性的良好载体。有时也称为景观小品。景观设施的形式多样，通常应既具有实用功能，又具有观赏功能。建筑小品包括亭台、楼阁、雕塑、壁画、牌坊等；生活设施小品包括座椅、垃圾桶、电话亭、路灯、邮筒等。

景观设施的设计应从形式、色彩、材质方面进行研究，让地域性文化融入其中，从而有效形成有地域性特色的景观设施，提升整个居住区景观的地域特色。如以当地的历史典故、民间艺术为载体，设计趣味雕塑，设计景观设施的图案。亭台楼阁可以运用传统的风格，也可以以某个元素为原型进行改造。如河北魏县以剪纸著称，那么，在住宅环境中体现剪纸图案，装饰在景观设施上，就是一种文化的凸显。景观设施在景观设计中是不可或缺的功能元素和装饰元素，它们既可以方便居民使用，又能起到画龙点睛的装饰作用。

7.3.2.9 铺装

现在建筑已经进入了钢筋混凝土时代，因此，地方性材料非常难体现，而铺装可以更好地体现地方性材料，对地域性的表达也更加直观，其中利用率最高的地方材料有土、木、砖、石等。硬质通常会应用在园林铺装和立面中，现代景观设计中铺装已经成为必不可少的一部分，铺装的风格直接影响整个居住区景观的风格，直观体现地域性特色。使用不同纹样、质感、尺度、色彩材料铺装能够表现出不同的空间效果。如在庭院、休憩步行道等地使用碎石、瓦片等材料，小巧亲切；中心广场采用大理石、花岗岩等，可以提高档次。

铺装设计中可以融入很多特有的文化或民俗符号，如特别的图案、色彩等，可形成非常丰富的文化延续，可以运用历史故事、典故或神话传说、生肖形象等作为图案的样本，让人一目了然。如在深圳园博会的“古窑遗韵”景点，采用古窑出产的瓦、瓷等材料为铺装主体，并采用独特的铺装形式，古朴中透出精美。再如石材也经常被用来铺设人行路面，小区的步道可以由鹅卵石铺设。脚踩石头路，能够强健身体，促进血液循环、降低血压等。据《每日新报》报道：太行山有个石头村，人们经常脚踩石头走路，这里出现了多位百岁老人，并有了“走鹅卵石路，踩出百岁奇迹”的传说。

上述这些构成要素作为构成居住区景观风格的原材料，它们是相互影响的。它们必须组织成各种形式，达成存在的目的，如道路网络、区域连接、标志序列，居民通过这些要素对居住区形成一个整体的印象，风格越突出，印象就越鲜明。同时，印象的形成也是不断变化的。春夏秋冬会形成具有不同时令性的景观，尤其是植物的影响非常明显。如三年的居住区和十年的居住区环境会有很大变化，植物会长高、木栈道会被修复、石头会长苔藓……虽然居住区整体印象的基调不会变，但是细节会随时光而成长。

7.4 建立住宅区印象——景观设施

7.4.1 景观设施

通过对小区居民的访谈，我们发现，人们对于景观设施还停留在使用的认知层面，忽略了它的多重价值。其实，景观设施的价值远远要高于人们的想象。

景观设施风格的需求往往会受到经济、科技两个方面的制约。经济的发展需要通过景观设施风格的兴起来带动。美国心理学家马斯洛提出的需求层次理论，将需求分为五种，从低到高依次是：“生理上的需求、安全上的需求、情感和归属的需求、尊重的需求、自我实现的需求。”随着人们生活水平的提高，在满足基本的生活需求以后，产生了寻求更多的不同类型的景观风格的要求。同时，科技的发展，使生产力得以发展，人们有了更多的时间。时间的充裕让人们可以更好地欣赏景观，欣赏景观甚至可以促进家庭和睦，促进邻里之间的相互关怀和相互信任。

时代在不断发展，景观设施越来越重要，需要的人也越来越多。据调查，居民对现在居住区的景观设施并不十分满意，但目前对如何满足居民需求还无定论。大多数景观设施的风格依然停留在对其基本功能的展现，并不能满足人们日常生活中多方面的、深层次的需求，造成室外景观风格质量不高，景观设施缺乏活力等。目前来说，居住区的景观设施风格处于发展阶段，这是由于人们对于景观风格的浅层理解，导致了景观风格在小区中往往杂乱无章、毫无联系，景观设施的配置仅仅是开发商对于小区价值估量的一个表面卖点，而没有真正调查、体验居民的实际需求。

7.4.1.1 居住区景观规划对景观设施的影响

设施和空间的关系非常紧密，故不能单独研究景观设施，而更应重视对景观设施空间进行分析，这样才能够更好地把握景观设施风格，从而满足居住区公共空间的可适用性。空间是物质存在的一种客观形式，由长度、宽度、高度表现出来，不同的人对空间有不同的理解。公共空间也由于个人感受、地理位置、功能使用、小区特质的不同而呈现不同的特征。景观设施是人们获取功能或者精神满足的物品，在居住区环境中，是公共空间内容非常重要的组成部分。居住区景观规划对景观设施的影响主要有四点：

一是使用人群的局限性。居住区景观空间的使用人群通常都是本小区内的居民，较少有外来人员参与。它的特征应不同于城市公共空间，其使用人群数量相对于城市公共空间较少，具有较明显的共同特征，并且多是相互熟悉的邻里。这就使得居住区的公共空间使用人群有了非常大的局限性，从而让我们能够对于居住区公共空间进行有针对性的建设。如一所养老住宅小区，其设计规划的最终目的是建设有利于老年人安享生活的社区环境，其公共空间的主要使用人群是老年人，故需配置较多、较便利的健身设施、砾石小路、棋盘座椅等休闲设施，这样能够让老年人身心愉悦，充分发挥景观设施的价值。

二是进出便利的制约性。在景观设计的过程中，居住区景观空间的规划应考虑人们使用时的便利性。如居民在步行的情况下，可以以较短的时间到达目的地。可以采用分散为主，集中为辅的分布方式，对休闲设施所处公共空间进行分配，居民下楼就可享受分散的景观风格，或在居住区较为集中的区域享受景观设施。但是，不管怎么样都要考虑公共空间的便利性，让景观设施得到更多人的认可。

三是居住区规划的主题性。居住区景观设计通常在初期就确定了各自的规划主题，一是开发商在售卖的时候为了提升小区品质，二是为了能够迎合居民对小区环境的一个喜爱。如石家庄的“林荫大院”，这个小区的主题就是“风景院落的故事”，选择了具有代表性的“蝈蝈”作为林荫大院的主题表现。还未走近山区就已经看到绿地上一个个硕大的蝈蝈雕塑，包括在标志建筑物的墙体上也有蝈蝈雕塑，把每个人心系大院生活的情感一下子就放大了，留在心底的只有感动，如图7－2所示。可见居住区规划的主题性将影响休闲设施的建立和整体氛围，主题使景观设施的风格更加突出。

图7－2　石家庄林荫大院建筑上的蝈蝈雕塑及石狮子雕塑（自摄）

四是功能使用的差异性。不一样的使用功能，它们的空间设计也是不一样的。居住区景观设施的风格需要能够体现不一样的表象，不一样的功能，在满足居住区整体设计概念的情况下，景观设施应要强调色彩的醒目、线性的流畅，迎合居民的视觉、心理、行为的需要。景观设施的公共空间有开放、私密或半私密之分。不同的使用人群对空间的要求不同。应在欣赏社区美景的同时又能自在地表达自己的情感。如读书、休息需要私密的空间，保证环境的安静可增加内心的安定。

居住区公共空间的特征往往可以决定一个景观设施风格的好与坏，是不是和居民生活联系紧密。目前来说，中国居住区景观环境还需要设计师、开发商、社会等阶层对居住区公共空间环境进行深入的思考和研究。围绕“以人为本”的思想进行个性化设计，比对公共空间的差异性。通过风格营造形成以和谐为核心的景观文化，营造融合天与地、地与人、人与人、人与心和谐相处的氛围，并从中寻找共趣的伙伴，融入属于自己的社交圈。

7.4.1.2　居住区景观设施分类

首先应对居住区景观设施进行分类，这样才能够更好地理解和设计景观设施。最近几年，景观设施作为居住小区建设的构成要素对小区环境的影响力日益增加，并成为一个深入研究的专题。作为城市和居住小区发展的产物，景观设施所包含的内容庞杂、功能丰富，同时又是开放的、不断发展变化的。目前，国内外对于景观设施的分类原则和由此得出的分类结果各有侧重、各有不同。但是，都是在进行了总结之后，进行不同的发展，迎合环境需要；并且都是围绕着功能性和精神性进行分类，从“以人为本”的角度进行斟酌。

景观设施大致可以分为：娱乐设施、休息设施、健身设施及其他辅助配套设施。这些设施分类难免会有一些服务功能重叠，但以主要服务对象为标准。如娱乐设施主要以儿童游乐为主，也会有成年人的陪同和参与；健身设施主要以老年人的健身、锻炼为主，也会有成年人的参与。辅助配套设施是对娱乐、休闲、休息设施的协助，强调设施的主要使用功能，与辅助功能的相互融合，同时也更好地将景观设施风格设计的思路发挥出来，让人们看到不一样的新的景观风格。

（1）娱乐设施。主要以儿童游乐为主。居住小区是儿童活动的主要空间，娱乐设施的配置是提升居住小区儿童娱乐环境的重要手段。据调查，儿童在户外的活动率，春秋季每天为48%，夏季可高达每天90%，冬季寒冷，活动率依然为每天33%。由此可见，儿童的户外活动是他们的天性。从儿童的行为、心理和生理要求分析，我们都可以将儿童作为一个首要的因素，他们行为具有一定的不确定性，他们并不会钟情于一种娱乐设施，而是进行散乱的游玩模式，频繁地更换娱乐工具，喜欢扎堆儿取乐以及宽敞的娱乐场地，这是符合其年龄特点的行为方式，宽阔的娱乐空间和丰富多彩的娱乐设施是满足儿童娱乐设施设计的原则，如沙坑、滑梯、网跳、秋千、爬杆、绳具、爬梯等。从心理学分析，儿童对世间万物充满着好奇的感觉，他们具有一定的冒险、超越、征服的精神。合理设计儿童娱乐设施，可融合轻度的冒险游戏和智力游戏，如转盘、迷宫、游戏墙等，创造儿童在游戏中的幻想和扮演不同角色的机会，提升孩子对事物的想象力、反应能力，同时锻炼孩子的耐性及协作能力，培养孩子进行独立判断和思考的能力，并建立社会责任感。儿童娱乐设施要考虑儿童的生理需求，按照儿童的人体特点进行设计。利用弧线和软材质增加设施的安全性，体现设施的可接近性，给予儿童各种感官的接触，如嗅觉、视觉、触觉等，儿童娱乐设施组合应结合周围环境的绿地花草，增加娱乐场所的自然魅力，满足儿童亲近大自然、感受大自然的感官接触，鲜艳的色彩可增加儿童对娱乐的兴趣和对色彩的感知。娱乐设施也包括棋牌类娱乐、表演类娱乐等。棋牌类游戏可设置一些石桌、石凳棋盘，可以满足老年人娱乐需求。

（2）休息设施。主要是能满足小区居民的生活，让人们可以在工作之余得到精神的释放，聊天、观赏、看书、休息和思考。人们对于景观设施风格的要求里多样的。大多数的景观设施包括观景亭、长廊、座椅等。在景观设计中也会有景观设施与其他设计形式融合的情况。如水池、矮景墙、树池等，也有一些自然的景观设施场所，宽阔的草坪、自然的石头等都可成为景观设施，并与小区环境融为一体，在增加小区环境的同时，保证充足的景观设施，满足居民对景观风格的需要。

（3）健身设施。主要是人们进行健身和娱乐的设施，占地面积小，且人的运动幅度也不会特别大，主要是老年人及部分成年人使用。可根据小区居民的居住情况，适量的分布和安排健身设施，如广场边缘、路边休息空间、游园一角等。其设计要根据人体工程学要求，依据老年人可承受的活动幅度进行制定。市场上流通的健身设施有上肢锻炼器、腹背锻炼器、扭腰器、腰腿锻炼器、呼啦盘、双人旋转轮、太极推手器等。居住小区健身设施的配置不应随意购买摆放，要融于居住小区的公共空间，要与环境协调一致，考虑小区的环境，进行景观设施的主题营造，在满足装饰的前提下，进行特别的建设。

（4）其他配套辅助设施。是除了以上景观设施以外的辅助设施。对小区景观设施在使用过程中或者审美时的不足进行弥补的辅助设施。

阻拦设施：保障人车的安全和便利。如栏杆具有强制性的阻拦；道牙、减速带具有警示性的阻拦。

照明设施：如路灯的必须照明设施，喷泉水池灯的装饰照明设施。

服务设施：提供便利和服务的设施。公共电话、自动售货机、停车架、室外音响设备等，近两年，在很多小区还设置了公共募捐设施。

卫生设施：必不可少的卫生设施是垃圾桶。

文化设施：可起到点缀作用的雕塑、浮雕、矮景墙，往往是居民的视觉中心。

标志设施：居住区主要标志设施见表 7－1。标志使用的色彩、造型、材质都应该考虑小区建筑的特色、景观环境和自身功能的需要，并应有统一的形象。

表 7－1 居住区标志设施

标志类别	标 志 内 容
指示标志	机动车道标志、步行道标志、出入口标志、小区指示图、小区导向标志
警示标志	禁止入内（草坪、变电所）标志

7.4.2 景观设施、风格、人

7.4.2.1 景观设施与人的联系

更好地进行景观设施的风格搭配可以形成艺术化的生活空间。艺术化生活空间是艺术在实际的居住区的体现。生活中美好的形象是艺术家表现的主体，设计本身是一种提取的过程。过去，艺术是浮于物质生活之上的，人们在满足物质生活的基础上才会享受艺术，研究艺术。但是，随着艺术家或者学者的引导，艺术早已经从生活中提炼出来，并为生活服务，每个人都可以进行艺术创造。

虽然每个人对艺术的理解是不一样的，但艺术与人们的生活依然联系非常紧密。景观设施体现的艺术化风格，是艺术与参与者之间产生的一种共鸣，是大众的审美追求之一。艺术化了的生活空间不排斥和逃避现实，而是用一种更为积极和主动的态度投身现实，共享社会生活中所产生的知识和体验，体现艺术对社会大众的开放性和包容性，更说明人在艺术生活空间中的主动性。景观设施的风格化可在人与艺术化生活空间之间建立桥梁和媒介，社会大众通过接触景观，可以感受身边的艺术，体验艺术魅力，提高人的审美意识，并参与艺术中。

7.4.2.2 良好的景观设施使居民产生愉悦感

在现在的居住区景观中，景观设施的配置以及景观风格的建设，都会对于居民的活动带来或多或少的影响，因此，注重景观设施风格建设及其相关环境的设计是打造良好住宅小区风格的有效手段，应在满足居民对不同风格的要求的同时，为居民带来更轻松愉悦的生活氛围。最近几年，景观设施设计的艺术化、风格化研究越来越多，这也是人们精神需求的一个反映。

在城市居住小区中，景观设施的风格多种多样，有自然生态型的、有欧式豪华型的、有中国传统型的、有卡通型的，还有异域风情的。在城市中，人们的生活水平发展到一定阶段，其对环境的需求出现升级，从功能需求上升为精神上的需求。景观设施的风格化随着人们生活方式的改变不断趋于完善，反映了居民的生活品质，体现了现代居住区的文化精神，对于提升小区环境建设具有很重要的作用。景观设施的风格化是居住区景观设计风格化的一个部分，同时也可以让居民更好地融入到社区环境，因此，其有非常重要的作用。

7.4.2.3 加强人文关怀

人文精神是人类文明发展非常重要的一个表现，集中体现了人类文明的精神。在对自我价值的认知以及肯定上，人们在不断地寻找着比生命更重要的意义。对生命意义的追求，体现着追求真理、积极进取、坚韧不拔的精神。

景观设施的存在实际上是小区建设一个必然的要求，而时代人文精神刚好符合这个特点，是景观孕育的温床。每个时代的发展都必然带来新的精神风貌，新的精神风貌必将产生新的景观形式。成功的景观设施设计是时代与人文精神的有机结合，而不仅仅充当景观与人的物质载体。现代景观设施设计中人文精神的体现，大部分通过视觉符号强化情感，最后找到共鸣。

随着城市高速发展，人们不断地忙碌，创造自己的价值，但没有太多的时间顾及身边的家人与朋友，生活孤独。人们希望借助外界的媒介，打破内心的孤独和不安，因此出现了不同的消遣形式，如旅游、泡吧等，其中一些消遣使得人们与身边亲朋好友越来越远。对居住小区景观设施人文精神的提升，将会给居民区的人们带来正能量，使居于此的人们更加和谐。

居住区景观设施以及景观空间都是为了居住的人们进行服务的，应该从居民的角度进行分析，如活动类型、年龄、性别等，因此景观风格纷繁复杂。本书从人的身体的、社会的、心理的、感情的层面对人的心理活动和行为需求进行探讨，分析景观设施设计存在的问题。

A 加强对人心理活动的分析

随着现代社会不断发展，人们对景观风格有了更多的需求，但他们对小区景观设施风格还缺乏一定的认识。人们更希望具有城市风格，但往往忽略了身边的景观空间。根据对部分小区居民的调查，大部分人对小区景观设施及景观空间的感受只停留在一些简单的基础使用设施功能上，景观空间对他们并没有什么吸引力，对景观设施的要求缺乏想法。因此，设计者应从居民对景观设施的认识开始，对居民进行引导。这需要社会、开发商、设计者的共同努力，一是引导居民认识小区景观空间的重要作用，二是引导居民将景观活动作为精神生活的一部分。当居民对景观设施有了更加深刻的认识之后，就会对于景观设施提出更加高的要求，这就可以促使设计师拿出更出色的作品来。

首先，居民进行日常活动往往是为了得到身体上的放松。很多人发现，参与活动、与他人在一起可以更好地减少孤独感。孤独感对各个年龄段的人来说存在普遍，社会交往、友谊、与他人接触是避免孤独感的关键因素。因此，居民对景观空间的心理索求不仅仅围绕基本的景观风格，增加一些双人或是多人共同参加的景观设施会有助于景观空间的建设和规划。

其次，要特别注意人与人之间的交流距离，应留出适宜的空间范围。心理学家发现，无论是哪个人，他们都需要在自己的周围有一个合理的自我空间，这个空间的大小往往会由于不同的文化背景、环境、行业、个性等而不同。不同的民族在谈话时，对双方保持多大距离有不同的看法。根据美国人类学家爱德华·霍尔（Edward Twitchell Hall Jr）博士研究，有四种交往距离：公众距离、社交距离、个人距离、亲密距离，距离尺度依次减少。在景观设计时可以形成三种交往空间：开敞空间、半开敞空间和私密空间，空间范围也是依次缩小。居住小区的公共空间距离通常是非常私密的，但需要有一些私人距离，可以将环境打造成隐蔽的，以及半隐蔽和开放等多功能性空间。在小区居民进行户外活动时，应既能参与公共活动又能拥有属于自己的私密的空间领域，这些对小区的整体规划和景观设施的放置有直接影响。

最后，探讨小区居民活动的心理动机。不一样的小区，生活的人的素质是不一样的，不一样的人；他们在居住人群中，对于小区的景观风格要求不同。以河北衡水丽景华苑小区为例，据调查，此小区销售面对的主要人群是工薪阶层，家庭收入和福利较好，但依旧以领取工资为收入来源，一般带有孩子，并有老人陪同居住。这样的人群基本上都有非常大的压力，生活虽然过得充裕，但是没有时间来放松。

B 加强对人行为需求的探讨

小区中的居民的行为通常都是非常复杂的，所以，对居民行为的需求探讨也是非常关键的，应从不同人群的户外活动规律出发，如老年人、青年人、儿童等，通过分析他们在一定时间内的活动踪迹，了解居住小区中人的行为需求，以及人的行为需求与景观设施的关系。

（1）居住小区中老年人的活动规律。老年人的时间是所有人群中比较多的一类。在当今社会中，大家都有一个误区，认为老年人晚年生活就是吃好、喝好、没病就可以了，从而导致人们对老年人精神生活领域欠缺考虑。事实上，老年人随着身心特征的变化而产生了多种需求：健康的需求、尊重的需求、交往的需求、安静的需求等，并由不同的需求产生了不同的活动。

第一，健康的需求，健康对于老年人非常重要，而且，老人也更加关注健康。老年人会更多注重身体健康，更多参与锻炼，特别是早晨和傍晚，这是主要的活动时段。老年女性多以跳舞、秧歌、唱戏等活动为主，老年男性则以舞剑、练太极、遛鸟等活动为主。故小区中应设置必要的场地及配套座椅和遮阴植物，满足老年人基本的健康需求。第二，尊重的需求，老年人的生活阅历决定了他们的思维方式，并且因时间长久形成了他们固有的意识，因此，对老年人思想的尊重应归入必须考虑的因素，如老年人动作迟缓，在部分健身设施上贴“老人专用”提示字样，给予老年人更多的心理安慰，以免造成人多时，其他居民等待催促对老年人造成心理压力。第三，交往的需求，人到老年交往的对象主要以住区同龄、同阶层老年人为主，他们在同类人中寻找幸福感，如下棋、打牌、闲坐、聊天、晒太阳等。小区内景观设施可根据人体工程学，设计更方便老人使用的景观设施，并且在老人使用的同时对老人的健康做出提示，如将棋盘周围座椅的高度降低，方便老年人的使用和参与，并贴上警示健康的标语，如请勿久坐等。第四，安静的需求，老年人对外界环境比较陌生，他们更喜欢安静的、景观视觉良好的场所，所以应对部分景观环境进行一个树木隔音除噪，为老年人留出安静的空间，给他们一个舒适的生活。

（2）居住小区中青年人的活动规律。青年人大部分是上班族，他们的行为基本上都带有着社会和时代的特点，如在小区内的活动非常少，也许有一些体育锻炼，更多的时间是在户外进行社交活动，如酒吧、KTV、舞厅等。对日常生活时间，他们不能进行很好的使用和合理的安排，处于任其自然发展的状态，加之大部分小区景观设施的吸引力不高，故参与小区活动的积极性不高。然而，青年人作为家庭的主干力量，对维持家庭环境和谐，营造温暖的小区环境有很大的影响，经常参与小区活动，走进身边人的生活并与亲人邻居进行沟通，能有效增强青年人的幸福感。据新浪网新闻中心报道，在部分都市青年人中兴起“酷跑”—— 一种徒手健身运动，这种徒手运动是靠自身的力量翻腾跳跃，越墙跳沟，身手敏捷，动作令围观者赞叹不已，在小区内“酷跑”，在青年人挑战极限的时候，也可以更好地增加与邻里同龄人之间的交往，这样能够帮助他们获得满足感。

中青年人在周末的时候往往愿意带孩子进行活动，父母的陪伴对孩子来说是非常重要的，可以促进他们的健康成长，小区景观设施设计应将父母的参与、孩子的创造综合考虑，如设置儿童绘画墙，在小区管理者的组织下，进行绘画活动，增进小区居民家庭环境的和谐。可利用景观风格引导青年人在闲暇时陪伴老人做一些体育锻炼，从而给老年人多一点关怀。

（3）居住小区中儿童的活动规律。儿童对景观风格需求往往超过了中青年人。学龄儿童特别喜欢玩，他们正处于身心发展时期，小区活动应以小群体游戏为主，将模仿、学习作为兴趣点。通常儿童对智力活动会非常感兴趣，希望参与有创造性、挑战性的活动。儿童对小区环境的使用频率较高，是小区景观设施的重要使用者。由于儿童对外界感知的欲望强烈，但认识不高，对安全感、舒适性、视觉美等一般不敏感，更多关注活动的趣味性，所以设计者应充分把握景观设施的安全性、舒适性、视觉感。儿童活动的主要伙伴是同龄儿童，在环境较好的场所儿童活动频率较高，他们喜好攀爬、排球、溜冰、器械游戏，对于能够移动、拼装的游戏设施更感兴趣，一些类似积木的游戏设施能激发孩子的参与感。

7.4.3 景观设施的风格要素

在景观设施的设计过程中，造型要素对于设施功能有非常大的影响。所谓“造型”，实际上指的就是在一定观念下，有目的地采用某些物质材料，通过对材质、形态、色彩等要素进行编排组合，创造视觉形象的活动。应通过对材质、形态、色彩的分析，体现造型要素中人文的精神。

7.4.3.1 材质

不一样的材料给视觉上带来的效果是不一样的，材质对景观设施人性化设计有非常大的影响，其中以人为本是人文精神最为主要的价值。设计者应根据不同的景观功能以及不同的景观环境选择休闲设施材料，从而给居民带来不同的视觉美感和触觉感受。目前，景观设施所采用的材料有木材、石材、金属、塑料、玻璃等，不同的材质拥有不同的物理特性。

（1）木材。木材取材比较方便，而且非常轻盈灵活、天然质朴，木材取自有生命的树木，材料本身就有着非常温和的色调，让人感觉到舒适，给人亲近自然的感受，能够形成温馨的环境，优美的线条和舒适的空间使参与者能够舒心地进行交流或是绘画；同时，木材是中国传统园林经常使用的材质，在设计风格上较易形成具有中式园林风格的空间。以广场景观为例，石头与木质地板的结合，可尽显中国式园林景观的魅力。需要注意的是：木材在户外景观设施使用中，需要对材料进行防护，以免遭到自然的腐蚀，减少设施的使用寿命，同时应选择对环境污染较小的材料，减少设施对环境造成的负担；在木质材料的施工过程中，要根据材料的特性，计算材料的承重和耐用程度，保证设施使用过程的安全。

（2）石材。在景观设计中，总是缺少不了石材的身影，它取材方便、坚固耐用，传递着一种坚韧的精神，保持着不随时空转换的持久感和整体感。在表达自然风格时惯用石材，可以做垃圾桶、照明装饰、音响装饰等。石头可以让设施的归属感有所增加，小区路边坐凳，石材与木材结合使用，与环境和谐共存，往往能够让居民喜欢。

（3）金属材料。金属材料也早就被应用在景观设计中，其质量轻、抗拉性好、可塑性强，因此应用非常广泛，而且具有较好的使用价值。但是金属材料冷冰的外表，在视觉和触觉上让人难以接受，所以应将金属材料涂以颜色，或是配以图案，或是选择亲切的题材表现，增加金属材料的可亲近感，同时增加场所的人情味。在美丽的外形下、亲切的氛围里，一定可以让可观性和使用率得到提升。

7.4.3.2 形态

形态是物体给人的一个最为直观的外部表现形式。景观设施的外部形态实际上是和内部结构相互牵制的，共同形成居住区的景观设施。形态呈现景观设施文化价值的形式有多种，如杨柳青镇复制型的形态，小区的“百福之门”。杨柳青镇拥有着丰富的民间艺术，传承了中国几千年的文化精神，“百福之门”复制福字的形态表达了人们对幸福的向往和追求，被称为杨柳青广场的“心脏”。另外，新奇的景观设施风格可以增加人们参与互动的兴趣，让人们更好地融入到景观乐趣中。再如形态仿生型，仿生有着非常广泛的意义，设施的形态仿生强调对生物外部形态美感特征与人类审美需求的表现，从功能、色彩、结构上寻求设施设计的突破与创新，增加人们参与互动的兴趣。儿童对大自然有天生的好奇，他们对动物、花草、动漫的造型有亲和力，因此在儿童景观设施设计中可较多运用形态的仿生设计，看守小鹿斑比，非常古朴的游戏以当代的形式出现，召唤孩子的想象力，使孩子在游戏中增长智慧与能力。

居住区景观设施的形态应根据居住区的风格来确定，形成独特的居住区景观风格。居住区以中式景观为设计风格的，需要体现古城地域的文化精髓，如可以放置中式座椅雕塑，拥有厚重的颜色、内敛的线条以及厚实的木材，将中国的文化展现在居民的日常生活中，体现中式小区的文化氛围。

不只居住区的风格印象会影响景观设施的形态，建筑特征同样会影响设计师的想法和设计方案，影响景观设施形态。如图 7－3 选自《独立式住宅环境景观设计》。凉亭是拱门的重复，与主入口的拱门相似。从墙体立面图看，墙主要是砖墙。墙的立面高度变化与坡屋顶的角度相呼应，拱形的前院大门在矮墙上突显出来，而高墙上的开窗式样模仿了车库上方的通风口。

图7－3 栅栏及凉亭的形式均以房屋的建筑风格为原型

7.4.3.3 色彩

色彩是一个城市建设、景观规划非常关键的一个方面，并不仅仅是简单的形式，其中包含了大的区域，甚至是整个城市的基调。居住小区景观设施的色彩设计需要系统思考与统一规划，色彩的合理运用可体现小区的建设环境水平，体现地方特色的人文素质及文化魅力，它就好像是人的面容一样，会让居民有很深的印象。

在中式景观设计的过程中，代表了中国黄土地、黄皮肤的黄颜色广泛地应用于景观设计中。中式花格园灯具有浓郁的中国文化，中式景观居住区设计应使中国古典文化与现代文明生活衔接在一起，达到历史与潮流的融合。同样，在北京奥运会，琉璃黄成为专用色彩。黄色在中国的色彩文化中具有最崇高的象征意义。黄色的琉璃瓦、金秋的树叶和丰收的农田是北京城市风光特有的色彩，代表着北京独特的自然景观以及人文与历史的精彩辉煌。

石家庄的燕都紫庭打造的是一个新中式园林国风大宅。燕都紫庭建有三重庭院园林——诗园、曲园、茶园，秉承了中国传统的造园理念，体现了凝重、规则、秩序和礼仪的中国风宅院，很好地传承了园林文化和人居理念，如图7－4所示。紫庭一共有九栋住宅建筑，形式较为简约，但是深棕红色和白色相间反映了传统色彩，深棕红色是中国传统色彩的代表，稳重而有内涵，相间白色，有跳跃感，使深棕红色不那么沉闷。小区内的庭院景观设计也呼应了建筑的风格，虽

图 7－4　茶园鸟瞰效果图

然小区的设计理念是一座国风宅院，但是在借用了简约的表现手法，体现了中国风。造型与建筑造型近似，主要使用直线，无论是在平面布局造型上还是在立面的景观设施造型上都以直线为设计主题。在园路设计上还运用了曲径作为整体平面布局的点缀，如图 7－5 所示。在一些辅助景观设施中还可看到传统浮雕或者冰裂纹花窗，如图 7－6 所示。某些景观设施如景墙、凉亭，使用灰色钢材作为边框，为小区增加不少现代感，如图 7－7 所示。运用的色彩也是建筑的色彩。景观设施的材质以木材、石材为主，充分运用了中国传统材质。设计师借鉴了中国画风格绘制效果图，虽然这属于景观设计表现技法，但是值得一提的是，界画技法将紫庭这座国风大宅的氛围感表现到了极致。

图 7－5　园中小路效果图

图 7－6　矮景墙效果图

7.4.4　景观设施对文化的传承与创新

文化是一个民族、一个人群的特别的记号，也是人们的价值观的体现。文化

图7-7 园长廊效果图

是随着人类文明发展进行的，它有着一定的历史性。“本质与形式”的问题，其根本是“传统与现代”的问题，解释历史与现实之间的微妙复杂关联。研究文化的传承与创新，更是研究文化的“本质与形式”的问题，其最为根本的问题就是“传统与现代的问题”，体现传统与现代的一个复杂的关系，并把这些都融合到人们的日常生活中。景观设施是景观设计中的细节设计，而细节设计更是景观设计成功与否的关键。

7.4.4.1 文化的传承

对文化的传承，不仅仅是对文化符号的一个提炼，而是更好地得出大众理解的文化语言，用以体现在景观造型物设计中。本书列举了中国的传统图形在景观设计中对文化的传承应用。

中国的传统图形是中国的历史文化的一个体现，其中有很多丰富的内容，起源于民间，是广大人民创造的，也是最容易让大众通俗易懂的、人们最易接受的文化符号。在强调城市建设的文化意义的今天，传统图形在居住小区景观设计中的传承与应用，将对提升居民的精神文化生活发挥重要的作用。中国传统图形的表现手法有很多：刻、剪、雕、塑、编，等等，不胜枚举。

传统图形在景观设施中的应用，可以从两个层面分类，一是具象传统图形与休闲设施设计的融合；二是抽象传统图形与景观设施设计的融合。具象传统图形与景观设施设计的融合是指传统图形存在于空间、能够让人感知的形状或形态灵活地运用在景观设施设计中。通过运用特定的、明确的、性感的形象，塑造直接的、简单的、合理的景观设施形象。有的小区有带有龙形图案的景观墙，龙形图案是我国的吉祥的图案，在中国有非常好的寓意，很显然是对中国传统文化的传承。

抽象传统图形和景观设施设计的融合实际上是运用抽象的图形符号表现文化内涵和意义，并用变形或写意的几何图形、符号等作为主要变形形式。我国传统图形用于现代设计的形态包括盘长、回纹、方胜、太极、八卦、如意纹等，这种传统图形与现代设计的融合，将会使设施设计具有很强的艺术张力。如小区的座椅，不需直接用传统纹样复杂的、规律的纹样，而可以通过“提炼简洁”，很好地将传统纹样的意向表现出来，从外观上来看，给人具有一种文化传统的人文精神的氛围。

7.4.4.2 设计创新形式

景观设施的风格设计有很多形式，需要创新。许多设计师对景观设施有大胆的设计概念，对景观设施的设计有非常好的想法。如巨大的休德利钢筋板凳景观设计，这种形式的坐凳在平常的景观中难以见到，其优美的线条、巨大的造型，不禁让人眼前一亮，也必定能给人带来不一样的休息体验。又如，可以利用镜面的反射，把垃圾桶变成绿色的路边设施，这样就可以更好地减少设施带给小区景观的杂乱。

现代艺术、技术的不断发展，给景观建设带来了巨大影响，人们的审美意识也有了非常大的变化，促使景观设施有了非常多的变化，设施设计的创新形式层出不穷，如设施的“动态”风格表达。动感作为景观设施设计的一种形式，深得人们的青睐，并可达到设施与人之间的情感交流，增加人们的审美情趣。

“动态”实际上就是人们生活的节奏和心里审美的变化，也就是燃烧激情，从而更加的充满活力。假如设施本身是有生命的，那么，增加设施的“动感”实际上就是在增加设施的活力。然而我们不可能给景观设施装上两只腿或是翅膀，我们所讨论的“动感”是相对于不动物件的动感。这种不动与动的视觉关系，鲁道夫·阿恩海姆在其著作《艺术与视知觉》中有所阐述：“在绘画与雕塑中见到的运动，与我们观看一场舞蹈和一场电影时见到的运动，是极不相同的。在画和雕塑中，我们不仅看不到物理力驱动的动作，同时也看不到物理动作造成的幻觉。因此，我们就可以从中看到的只是视觉形状向某些方向上的集聚或倾斜，这是在传递的一件事件，并不是一种存在。”

参 考 文 献

[1] 政协石家庄市委员会. 石家庄建筑精览 [M]. 北京: 中国对外翻译出版公司, 2001: 61.

[2] 俞孔坚, 李迪华. 城市景观之路: 与市长们交流 [M]. 北京: 中国建筑工业出版社, 2003: 12.

[3] [美] 路易斯·芒福德. 城市发展史——起源、演变和前景 [M]. 倪文彦, 宋俊岭, 译. 北京: 中国建筑工业出版社, 1989: 1.

[4] 杨东平. 城市季风 [M]. 上海: 三联出版社, 1998.

[5] [美] 凯文·林奇. 城市形态 [M]. 北京: 华夏出版社, 2001.

[6] [美] 路易斯·芒福德. 城市发展史——起源、演变和前景 [M]. 倪文彦, 宋俊岭, 译. 北京: 中国建筑工业出版社, 1989: 74.

[7] 张在元. 城市发展的软道理 [J]. 中华儿女, 2005 (3): 66.

[8] [英] 泰勒 E B. 原始文化 [M]. 连树生, 译. 桂林: 广西师范大学出版社, 2005.

[9] 中国大百科全书总编辑委员会编. 中国大百科全书 (社会学卷) [M]. 北京: 中国大百科全书出版社, 1991: 409 - 410.

[10] 徐康宁, 等. 文明与繁荣——中外城市经济发展环境比较研究 [M]. 南京: 东南大学出版社, 2002.

[11] 吴良镛. 中国建筑与城市文化 [M]. 北京: 昆仑出版社, 2009: 152.

[12] [美] 西蒙兹. 景观设计学 [M]. 北京: 中国建筑工业出版社, 2000: 1.

[13] 俞孔坚. 景观的含义 [J]. 时代建筑, 2002 (1): 14 - 17.

[14] [英] 盖奇 M, 凡登堡 M. 城市硬质景观设计 [M]. 张仲一, 译. 北京: 中国建筑工业出版社, 1985: 3.

[15] [英] 贡布里希. 艺术的故事 [M]. 范景中, 译. 南宁: 广西美术出版社, 2008: 65.

[16] 贺建明. 近年国内园林风格的演变 [J]. 科技情报开发与经济, 2004 (2): 117 - 118.

[17] 王向荣, 林箐. 西方现代景观设计的理论与实践 [M]. 北京: 中国建筑工业出版社, 2002.

[18] [英] 汤姆·特纳. 世界园林史 [M]. 林箐, 等译. 北京: 中国林业出版社, 2011: 308.

[19] 齐康. 城市的形态 (研究提纲) [J]. 南京工学院学报, 1982 (3): 16 - 25.

[20] 王受之. 骨子里的中国情结 [M]. 哈尔滨: 黑龙江美术出版社, 2004: 109.

[21] 袁松亭. 中国住宅景观设计新趋势 [J]. 住宅产业, 2011 (11): 39 - 44.

[22] 单霁翔. 从"功能城市"走向"文化城市" [M]. 天津: 天津大学出版社, 2007: 200.

[23] 仇保兴. 城市经营、管制和城市规划的变革 [J]. 城市规划, 2004 (2): 8.

[24] 王受之. 城之国语——兰亭坊记 [M]. 哈尔滨: 黑龙江美术出版社, 2007: 1.

[25] 吴良镛. 中国建筑与城市文化 [M]. 北京: 昆仑出版社, 2009: 149.

[26] 艾伯亭, 等. 城市文化与城市特色研究——以天津市为例 [M]. 北京: 中国建筑工业出版社, 2010: 16.

[27] 刘滨谊，母晓颖．城市文化与城市景观吸引力构建［J］．规划师，2004（2）：5－7.
[28] 郭恒．回归有庭而居［J］．山西建筑，2007（27）：34.
[29] 庞伟，黄征征．民居其居人居相依［J］．小城镇建设，2000（11）：69.
[30] 彭一刚．中国古典园林分析［M］．北京：中国建筑工业出版社，1986：24.
[31] 刘合林．城市文化空间解读与利用［M］．南京：东南大学出版社，2010.206.
[32] 刘永辉，吴特．对全球化语境下中国住区景观设计风格的思考［J］．山西建筑，2009（18）：32.
[33]［英］凯瑟琳 迪伊．景观建筑形式与纹理［M］．周剑云，唐孝祥，侯雅娟，译．杭州：浙江科学技术出版社，2003：11.
[34] 吴良镛．中国建筑与城市文化［M］．北京：昆仑出版社，2009：95－96.
[35] 余开亮．六朝园林美学［M］．重庆：重庆出版社，2007：172.
[36] 刘勰．文心雕龙［M］．北京：人民文学出版社，1962：493.

后　记

开始写这本书时我的宝宝刚三个月大，她和这本书一起成长起来了。有时是写作之余照顾孩子，有时是照顾孩子之余写作。她给了我诸多感慨、诸多灵感，让我感受到成长的过程，户外活动及环境对一个孩童的重要性，也让我感受到自己成熟的过程。

本书能够完成，很感谢我的启蒙老师金华老师和李丽老师（大连民族大学），在她们的悉心教诲下我才得以慢慢走近景观，才发现我是这么热爱这个行业。每次看到令人感动的风景时我都坚信自己的选择，每次在画图纸时我都充满了热情。她们的教导让我受用至今。

感谢我的硕士研究生导师——河北科技大学吴晓枫老师，在她的教导下我才让自己的实践知识上升到更系统的理论研究。我还记得每次收到吴老师的邮件时都已经是深夜了，邮件中详细给出了对文章的修改意见和建议。吴老师给我提供了很多参考文献，建议我去查阅；还给我建议了很多研究方法，让我的写作少走了一些弯路。

感谢刘润兴在出国的时候拍摄了很多国外的住宅景观资料，给了我很多参考意见。无论是一个怎样的城市，即便不是那么发达的城市，都有不一样的住宅景观风格，它们是相辅相成的。让我再次肯定了对风格的研究是体现和提升城市文化的必要。

感谢生活在其他城市的同学和朋友，帮助我收集了各地楼盘的一手资料。

闫晓从老师、张芳老师和我在一起写作的过程中给了我很大帮助。

在做调研和写作的过程中，为了收集河北小区的资料，几乎走遍了石家庄所有的小区和在建楼盘，并在地图上详细标注。对于石家庄之外的城市，总结了几个比较有代表性的住宅小区。本书的图片有一部分是自己拍摄和绘制的，已经在文中注明，其余来自互联网。

感谢我的母亲，在户外调研和紧张写作时给了我莫大支持。感谢我的家人对我工作和学习的支持。

行文至此，告一段落，但是对河北城市文化与景观的发展研究不会停止，这将是一个永久的课题。

赵丹琳

2016年6月于河北地质大学